海洋科技出版工程

船舶铺管作业数值仿真

昝英飞　袁利毫　**著**

韩端锋　祝海涛　**主审**

哈尔滨工程大学出版社

Harbin Engineering University Press

内 容 简 介

本书对船舶铺管作业数值仿真的相关理论、方法及应用技术进行了较为全面而翔实的介绍与分析,主要包括辐射力实时计算模型、铺管船实时运动学模型、S 型铺管多分段模型研究、J 型管线与非线性刚度海床耦合分析、铺管实时动力学模型研究,并对相应的科学问题进行了翔实的理论推导与分析。

本书可作为船舶与海洋工程、计算机仿真等学科专业本科生和硕士研究生的教材或教学参考书,同时也可供有关工程技术人员自学和参考。

图书在版编目(CIP)数据

船舶铺管作业数值仿真 / 昝英飞,袁利毫著. —哈尔滨:
哈尔滨工程大学出版社,2020.2
ISBN 978 – 7 – 5661 – 2639 – 9

Ⅰ. ①船… Ⅱ. ①昝… ②袁… Ⅲ. ①海底铺管 – 计算机仿真 Ⅳ. ①P756.2 – 39

中国版本图书馆 CIP 数据核字(2020)第 027670 号

选题策划　雷　霞
责任编辑　丁月华
封面设计　博鑫设计

出版发行　哈尔滨工程大学出版社
社　　址　哈尔滨市南岗区南通大街 145 号
邮政编码　150001
发行电话　0451 – 82519328
传　　真　0451 – 82519699
经　　销　新华书店
印　　刷　北京中石油彩色印刷有限责任公司
开　　本　787 mm × 1 092 mm　1/16
印　　张　8
字　　数　201 千字
版　　次　2020 年 2 月第 1 版
印　　次　2020 年 2 月第 1 次印刷
定　　价　45.00 元
http://www.hrbeupress.com
E-mail:heupress@ hrbeu.edu.cn

前　言

深海海底管线铺设作业是深海油气开发工作的重要环节,而通过计算机进行仿真评估是保证管线铺设安全的有效手段。本书针对铺管作业过程仿真对数值仿真准确性与实时性的双重要求,考虑铺管船实时运动、管线与非线性刚度海床的耦合作用,开展了 S 型管线、J 型管线的静力学与动力学模型研究工作。

全书共分 7 章。

第 1 章首先介绍了本书的研究背景、目的及意义,并且详细分析了国内外主要的卷管式铺管、S 型铺管、J 型铺管三种深水铺管方法的优缺点,并进一步对船舶实时动力计算方法、铺管计算方法、管线与海底耦合研究的进展进行了详细的分析。

第 2 章详细研究了船舶时域运动理论中的辐射力的计算方法,基于脉冲响应方程,利用最小二乘拟合法对辐射力辨识方法进行了研究,建立了辐射力辨识模型,并分别采用频域辨识与时域辨识对辐射力进行了辨识分析与计算,在不降低模型精度下获得一种快速计算辐射力的方法,为铺管实时动力学模型的研究提供了必要的基础与支撑。

第 3 章采用风洞模型试验数据插值计算了海风力、海流力,利用离线计算结果采用多维插值法计算了波浪力;采用全回转吊舱推进器敞水试验数据回归计算了推进器推力。结合第 2 章辨识方法得到的船舶辐射力,建立了铺管船在波浪中船舶时域六自由度运动数学模型。对铺管船在静水中与风浪流联合作用下的运动进行了仿真,并与船模试验及实船试验数据进行了对比分析。

第 4 章根据 S 型管线形态与受力特点,将管线分为托管架段、中间段、悬浮段、边界层段与触地段五个部分。在模型研究中,考虑了中间段与边界层段中弯矩对管线的影响,以及管线与弹性海底的耦合作用,并忽略悬浮段弯矩因素的次要影响,根据各段间的位移、倾角、受力与弯矩连续性边界条件,采用牛顿迭代法对该模型进行了解算,分析了管线壁厚与管线直径的变化对 S 型管线的形态与受力的影响。

第 5 章在 J 型管线与非线性刚度海床耦合数学模型研究中,将管线分为水中悬浮段与触地段,建立了水中悬浮段数学模型并采用数值迭代法进行求解,建立了在触地段考虑管线与非线性刚度海床的耦合作用的数学模型,并采用有限差分法进行求解,根据各段间的位移、倾角、受力与弯矩连续性边界条件对管线整体形态与受力进行了计算,并分析和讨论了泥线抗剪强度、抗剪强度梯度和外管径等参数变化对管线的影响。

第 6 章针对 J 型铺管动力学模型的实时性要求,采用数值离散方法,将管线简化为离散的集中质量点,以铺管船运动与海底为边界条件,考虑管线重力、浮力等静力作用,计及管线由于超长度大跨度作用产生的管线拉伸效应,以及管线内部张力、内部阻尼力和海流力等动力作用,建立了 J 型铺管作业实时动力学模型,分析和计算非均匀流和层流以及船舶运动对管线的影响。

第 7 章系统而全面地对本书的研究成果进行了总结。

本书编写过程中,参阅了大量的书籍、文献资料,在此向所有资源的提供者表示感谢;尽管作者为本书付出了很大的努力,力求概括全面、研究深入,但限于作者的水平,不足之处在所难免,恳请读者批评指正。

著　者

2019 年于哈尔滨

目　　录

第1章 绪 论

1.1 研究背景

《2016—2022年中国油气资源行业分析及投资前景评估报告》指出:陆地上的油气田开采已逐渐进入衰退期,其勘探开发的难度逐渐增大、成本升高,而全球海洋的油气资源丰富,特别是深海油气资源开采潜力巨大[1]。据统计,在海底中积存了全球70%的油气资源,其中全球深水区潜在的石油储量高达1 000亿桶(1桶≈159 L),因此深水中储存的油气是将来开采能源的重要接替区[2-4]。近年来,我国海洋油气开发日益提速,特别是荔湾3-1气田的发现证实了我国南海深水海域具有较大深水油气资源开采潜力,随着我国3 000 m深水半潜式钻井平台"海洋石油981"号、3 000 m深水铺管起重船"海洋石油201"号、首艘深水多功能水下工程船"海洋石油286"号等大型海洋工程装备和辅助装备的顺利交付,我国具备了深水油气开发的硬件条件,但与国外相比还缺乏深水作业相关的技术和经验积累[5-6]。

海底管线是海洋油气开发工程的重要组成部分,主要包括海底油气集输管线、干线管线和附属的增压平台以及管线与平台连接的主管等,其作用是将海上油气田所开发出来的石油或天然气汇集起来,输往系泊油船或陆上油气库站。海底管线的应用和发展在国际上已经有半个多世纪的历史,自从1954年Brown & Root海洋工程公司在美国的墨西哥湾铺设了全世界第一条海底管线以来,由于海底管线具有输运量大、运输稳定、自动化程度高、运营成本低等特点,人们已经在全球各个海域成功地铺设了数万千米各种类型、各种管径的海底管线,并随着世界各国对海洋油气资源的勘探和开发活动越来越频繁,全球范围内海底油气管线铺设长度一直在稳步增长[7-8]。据统计在2016—2019年施工的海底管线总长度约10 582 km,并且绝大部分铺管工程作业都聚集在深水区域,其铺设最大水深约3 380 m[9-10]。深海海底管线铺设技术是深海油气开发的关键技术之一,对保证油气安全转运具有十分重要的意义。

1.2 研究目的和意义

铺管作业数值仿真是深海海底管线铺设技术的核心内容,主要分为静力学数值分析与动力学数值分析。静力学数值分析主要是考虑铺设时管线受到重力、浮力、托管架支撑与海底等静态作用力对管线形态的影响,是铺管可行性首要研究的问题。在实际铺管作业中,铺管船在海上作业时受到风、浪、流的联合作用,其受力是动态的,船舶的运动可能对管线产生较大的影响,会改变管线的形状,进而影响管线应力分布的情况,在危险工况时会导致管线发生严重弯曲,因此需要在静力学数值分析的基础上用动力学数值分析,进一步考虑风、浪、流等动态力对铺管船与管线的影响,进而更加真实地反映管线的受力状态。

计算机仿真评估越来越广泛地应用到实际工程中,成为保证管线铺设安全性与快速性的有效手段,而铺管作业实时仿真模型是其研究的核心与基础。因此,本书基于铺管作业静力学模型与动力学模型对铺管船实时运动、S 型铺管模型、J 型铺设管线与非线性刚度海床耦合,以及铺管实时动力学问题开展详细的研究工作。

1.3 深水铺管方法

国内外学者提出了多种理论和工程作业方法,促进了海底管线铺设技术的发展和进步[11-12]。目前,深水海底管线的铺设方法主要有卷管式铺管法(Reel - laying)、S 型铺管法(S - laying)、J 型铺管法(J - laying)三种方法[13]。

1.3.1 卷管式铺管法

卷管式铺管法是一种在陆地预制场地将管线接长,卷在专用滚筒上,然后将卷筒运送到卷管式铺管船(图 1 - 1)上进行铺设的方法。卷管式铺管法的特点是将海上焊接及质量检验的工作转移到陆地上,铺管船可以在海上连续铺管作业,而且由于在陆地上检验管线焊接质量的方法成熟并且多样,同时受环境因素的影响很小,从而使该方法具有铺设效率高、管线焊缝质量高、铺管费用低、作业风险小和适合深海海底管线铺设的特点。图 1 - 2 所示为卷管式铺管法示意图。

图 1 - 1　卷管式铺管船

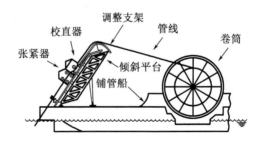

图 1 - 2　卷管式铺管法示意图

目前卷管式铺管船仍仅限于铺设柔性管(如电缆、控制缆等)和小直径钢管(一般从 2 in① 到 12 in 不等),其主要原因是钢管缠绕在卷筒上后会产生弯曲应变。对于一定直径的卷筒,缠绕钢管的直径越大,钢管内产生的应变越大,而壁厚越薄,容许的应变越小,因此管线越容易产生塑性变形而破坏,从而对管线铺设的质量产生较大的影响,埋下安全隐患[14-16]。

1.3.2　S 型铺管法

S 型铺管法是指在铺管船的尾部增设一根直线型或者弧形的托管架,管线从托管架下放后首先呈现上凸形状,在中间转折点之后受到重力作用呈现下凹形状,形成 S 形曲线,典型的 S 型铺管示意图如图 1-3 所示。

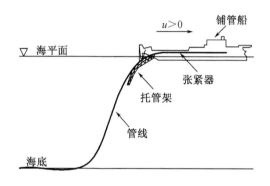

图 1-3　S 型铺管示意图

世界上具有代表性的 S 型铺管船为 1998 年 Allseas 公司建造的“Solitaire”号铺管船,该船的载重量达 22 000 t,采用动力定位系统,已经完成了大量的海底管线铺设工程,保持着 2 775 m 的海底管线铺设水深记录,克服了 S 型铺管在深水中铺设的限制,集成创新了多项世界顶级装备技术[13,17-20]。如图 1-4 所示,我国 3 000 m 作业水深的 S 型铺管船“海洋石油 201”号于 2012 年 4 月交付使用,并于 2013 年 5 月完成了首个工程项目——荔湾 3-1 气田深水段的长 78.9 km、管径 6 in 的海底管线铺设任务,最大铺设作业水深达 1 409 m,创造了中国海洋石油工程中海管铺设水深最深、铺设速度最快、首次大角度高落差的 S 型铺设,以及首个深水在线三通安装等一系列纪录,填补了中国在深海海底管线铺设上特大型项目上的空白[21-23]。

随着人们对深海油气的开发及 S 型铺管作业的增多,S 型铺管的特性更加突出,其优缺点主要有[24-25]:

(1)S 型铺管对水深具有很强的适应性,既可以用于浅水铺管也可以用于深水铺管;

①　1 in = 2.54 cm。

图 1 - 4 "海洋石油 201"号 S 型铺管船

(2)S 型铺管在水平方向采用单或双接头进行焊接,铺管效率较高,节约时间和铺管成本,铺设速度可以达到 3.5 km/d;

(3)对海况的适应能力及持续作业能力比其他方法强;

(4)管线在铺设过程中张力极大,作业水深越深,铺管所需张力越大,作业风险越高,必须寻找合适的方法处理极大的张力以保障作业安全;

(5)作业水深越深,所需托管架越长,越难以保证船舶稳定性,且托管架引起管线的弧度导致上弯段形成大的应变。

1.3.3 J 型铺管法

J 型铺管法是为解决 S 型铺管中上弯段大应变问题而发展起来的一种深水铺管法,它将管线的焊接及质量检测作业由 S 型铺管的水平位置调整为竖直位置,在竖直的 J 型塔上完成管线连接后直接入水,形成一条 J 形曲线。J 型铺管过程中海底管线只经历一次弯曲,受力更加合理,适用水深也更大。J 型铺管系统通过利用托管架来调节管线的入水角度,从而来优化管线在悬浮段的受力状态,同时,管线接近垂直角度下放,张紧器所需提供的张力相应减小,对铺管船水平动力需求大幅度降低,使得船舶的定位较容易实现[26]。具有代表性的 J 型铺管船为"Saipem 7000"号铺管船,如图 1 - 5 所示。

图 1 - 5 J 型"Saipem 7000"号铺管船

如图 1-6 所示,由于 J 型铺设作业过程中,管线的焊接站近似直立状态,对管线的焊接工艺要求很高,从而导致管线焊接效率下降,并且 J 型塔的高度限制了铺管过程中甲板上接长至 J 型塔可以容纳的长度,从而导致铺管速度降低[27]。另外,管线从铺管船上的竖直状态转变为水平放置在海床上,一般需要较大的曲率半径。上述几方面原因限制了 J 型铺管法的应用,一般只适用于深海铺管。

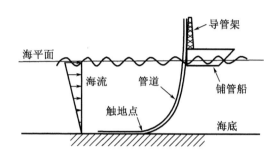

图 1-6 J 型铺管法示意图

在深海海洋油气开发工程中,应根据要铺设海底管线所在海域的海洋环境条件,综合各种施工方法的优缺点再决定采用何种铺管方法与施工装备。一般来说,卷管式铺管法只适用于小直径管线;S 型铺管法适用于各种管径和水深的管线铺设,且铺设速度较快,但需要张紧器提供极大的张紧力;J 型铺管法在大管径深水铺管工程中比较有优势,但是铺设速度较慢。本书主要针对 S 型铺管作业与 J 型铺管作业数学模型进行研究。

1.4　国内外研究现状

1.4.1　船舶实时运动计算方法研究进展

船舶实时运动学模型是为描述船舶在水面上航行而建立的数学模型,它是船舶实时运动仿真的核心问题。自从 1946 年戴维逊首次提出操纵运动方程以来,人们主要从控制理论和机理模型出发对船舶运动学模型进行研究。在机理建模范畴中,一般首先对基本运动方程进行研究,进而建立船舶流体水动力学模型。然而由于流体水动力学模型计算的复杂性导致通用的计算方法达不到实时解算的目的。国内外学者为了解决这一问题进行了很多研究。

Abkowitz[28]提出了船舶六自由度运动模型,该模型的流体动力以三阶泰勒级数展开形式给出,为非线性模型的建立奠定了基础。Gertler 等[29]提出了潜艇的标准运动学模型,进一步统一了船舶运动方程坐标、符号以及流体动力的表达式;日本拖曳水池委员会组建的船舶操纵运动方程研究小组(MMG)开发了分离式流体动力学模型,并考虑了船体、螺旋桨与舵的流体动力以及相互间的干扰作用[30];Kopp[31]建立了集船舶位置保持、船舶操纵性和耐波性为一体的船舶实时六自由度运动模型,在模型中考虑了船舶所受到的风力、海流力和二阶波浪漂移力等外载荷因素;Thein[32]基于二维线性切片法对船舶六自由度运动进行了分析并开发了可以用于 iOS 手机平台计算程序;Poor[33]基于 Simulink 平台开发了船舶三自由度运动模型,在模型中包含了螺旋桨与舵作用力模型;Fossen[34-36]对船舶与水下航行器的运动与控制模型进行研究,系统归纳了该六自由度运动模型,并对建模与控制模型进行了分析,囊括了水上与水下六自由度航行器的姿态控制模型与轨迹运动模型;Varela等[37]建立了实时波浪模拟模型、船舶操纵运动模型和耐波性模型,进而集成为船舶六自由度运动模型,并最终建立了 3D 桌面级的船舶模拟器。

国内研究学者张秀凤等[38-40]基于 Froude Krylov 假设,采用分离建模思想建立了在规则波作用下的船舶六自由度运动模型,在假设船体为箱形形状的情况下给出了船舶在规则波作用下受到波浪力的近似估算;祁宏伟[41]利用操纵运动分离建模思想,在考虑了船舶在横摇、纵摇、垂荡以及摇艏方向的非线性和耦合作用,并简化了部分水动力表达式,从而建立了在波浪中的操纵 – 摇荡方向上耦合的六自由度运动模型。以上研究学者大部分为基于 MMG 模型进行的深入分析,在频域范围内对船舶实时运动计算方法进行的研究。

1.4.2　铺管计算方法研究进展

铺管的计算方法主要包含悬链线法、奇异摄动法、有限差分法与非线性有限元法,其中前两种方法主要应用于管线的静力学分析,后两种方法既可以用于管线的静力学分析也可以用于动力学分析。

1.悬链线法

悬链线法主要分为自然悬链线法和钢悬链线法两种。其中自然悬链线法忽略了管线的弯曲刚度,在不考虑海流力影响的情况下,管线会受到自身的浮力、重力、托管架的支撑力和张紧器的恒张力,可以建立静力学方程进行解析求解。钢悬链线法是在自然悬链线法的基础上考虑了管线的抗弯刚度的影响,使得方程不具有解析解,只能求出一系列参数间的关系,进一步通过数值方法进行迭代求解。

Dixon 等[42]在假设海床为刚性且水平的情况下,首先给出了自然悬链线法的解析解,并推导了 S 型管线下弯段钢悬链线法的迭代公式,经过两种方法对比表明,在浅水区域管线的刚度因素不可以被忽略;Croll[43]在基于悬链线法计算得到管线整体形态后,对管线两端采用边界层进行修正,从而改善了管线端部的计算结果;Brown 等[44]设计了模型试验,从而直观地反映了深水铺管的特点,并根据试验结果进一步简化了悬链线理论公式。

国内的研究学者顾永宁[45-46]提出了将只可应用于下弯段的悬链线法扩展应用到包含上弯段在内的整段管线上,在求解过程分别进行内外层二重迭代,其中内层迭代为在一定拉力情况下求解管线形态,外层迭代为协调反弯点与升力点拉力的迭代,在迭代收敛后拟合求解管线全长;风俊[47]、龚顺风等[48-49]分别采用自然悬链线法和钢悬链线法建立了 S 型管线下弯段的静态平衡微分方程,并结合中间段和托管架部分对管线整体形态与受力进行了计算,并对管线铺设参数进行了敏感性分析,经研究发现铺设水深对管线的弯矩形状有明显影响。经两种方法对比后发现,在浅水时自然悬链线法的结果偏于保守,随着水深的增加两者的计算结果差别减小。

2. 奇异摄动法

摄动法是求非线性问题近似解析解的有效方法。对于 S 型铺管问题,有两个边界层,一个是在托管架的分离点附近,另一个是在管线距离海底附近。正则摄动法在这两个边界处失效,而奇异摄动法即小参数法可解决这一问题[50]。

Konuk[51-52]基于弹性杆理论推导出了三维 S 型管线的静力平衡方程,并利用摄动法编写程序计算分析了管线二维非线性受力问题;Guarracino 等[53]利用奇异摄动法对 S 型管线进行了静力分析,得出的结果与 ABAQUS 有限元法进行了对比分析,结果表明两者计算结果基本吻合。

国内研究学者黄玉盈等[54]采用奇异摄动法计算了管线的静变形与静应力,在计算中将悬浮段管线各点的倾斜角分解为外部解、内部解和修正项,然后利用边界条件来确定管线的形态,由于在计算中忽略了高阶项,从而加速了模型的计算速度,该模型中考虑了海床倾斜的情况,从而可以对倾斜海床的危险工况做进一步分析;韩强等[55]基于奇异摄动法得到了 S 型铺设中大直径薄壁管线的构型解析解,并研究了不同张紧力、水深以及海流力对管线构型及弯矩的影响。同时,并利用 ABAQUS 软件采用有限元法进行了校核,经过验证发现两种方法得到的管线形态非常吻合;康庄等[56-57]将自然悬链线法与奇异摄动法相结合对 J 型管线进行了分析,将此种方法与悬链线理论和大变形梁理论进行对比分析之后发现其对边界条件满足较好,计算结果与高精度的大变形梁理论结果相当。

3. 有限差分法

有限差分法求解微分方程组时可以方便地处理海流载荷及海底支撑力等非线性因素、动力因素的影响,但计算效率较低。

Palmer 等[58]提出了将有限差分法用于 S 型铺管计算中,分别对连续型、刚性型和离散型三种托管架模型的边界条件进行了详细的分析;Yan 等[59-60]基于有限差分法对管线在铺管过程中 S 型管线进行了三维静力学分析,并详细阐述了正常铺管、弃管和回收作业时不同作业过程的边界条件处理问题;Callegari 等[61]基于有限差分法对管线进行了静力学与动力学分析,并且详细分析了海流对管线的影响以及不同仿真步长引起的管线计算结果的改变;Datta[62]利用有限差分法对 S 型铺管回收作业中的管线进行了分析。

国内研究学者顾永宁[45-46]利用有限差分法对 S 型管线计算进行了计算分析,在计算中考虑了不均匀流、线性弹性海床与海床倾斜等因素对管线的影响,并根据边界条件的不同提出了四种不同的求解模式,在此研究了管线各参数间无因次关系,从而给出了无因次参数曲线;陈凯等[63]建立了S型管线形态的大挠度梁微分方程,通过差分法对模型进行了求解,并与悬链线理论得到的结果进行了对比,从而论证了深水S型铺管时悬垂段初始构形可以采用悬链线构形进行近似。

4.非线性有限元法

有限元法的计算方法与有限差分法很相似,只是它的迭代关系是由能量原理或加权残值法(如最小二乘法等)确定的。此种方法计算效率较低但由于能够处理复杂的边界条件和海洋环境载荷,并能够适用于管线的动力学分析,因此适用范围广泛。

Vlahopoulos等[64-65],Schmidt[66]应用三维大扰度理论对S型铺管与J型铺管进行了动力学分析,并利用非线性增量有限元法对管线形状与受力进行了求解;Szczotka[15,67-68]提出了一种改进的有限元法,并将此方法用于卷管式铺管法、J型铺管法中,经过与ANSYS软件结果的对比验证了此种方法的准确性,并且经过分析此种改进的方法在模型建立方面物理意义更加明确,模型解算速度更加高效;Ciaccia等[69-70]提出了一种新的三维有限元法分析管线在铺设中的应力与形态,该方法基于Corotational理论,采用伯努利非线性梁单元方法并利用接触弹簧微元法处理边界条件,分析表明在对铺管计算时应将海流对管线的影响考虑在内;Hall等[71]基于非线性有限元法在时域中对管线进行了动力学分析,着重讨论了海流与海底对管线的非线性作用力,在分析时将托管架简化为斜坡式结构;Clauss等[72-73]讨论了J型铺管与S型铺管时船舶运动、水深、管线参数和外界环境对管线应力的动态影响,计算结果表明,以上参数对铺设过程的可靠性有很大影响。

国内研究学者陈凯等[63]在对深水S型铺管进行的整体变形和受力有限元分析计算中,通对过约束条件的处理模拟了过弯段管线在托管架上的真实状态,并与其他方式边界条件下的有限元计算结果进行了比较及验证;Li等[74]基于有限元理论提出了一种新的J型管线计算模型,根据管线各部分所受力的不同,在模型中将J型管线分为触地段和悬浮段。在触地段的解算基于线性梁理论和Winkler地基模型计算管线与海底的相互作用;在悬浮段的解算基于非线性的大扰度梁理论并考虑了高阶的剪切力作用,经过分析表明在考虑高阶的剪切力的情况下其计算精度稍有提高。

国外开发了很多基于有限元法的S型管线计算软件[75]。Malahy等[76-77]基于有限元法开发了Offpipe管线计算软件,具有较高的计算精度和稳定性,得到了全球众多海洋工程公司的认可;Orcina公司开发了Orcaflex海洋动力学软件,可以计算管线的动力学和静力学问题,并且可以处理全三维、非线性问题以及进行时域分析[78-79];Senthil等[80]利用Orcaflex软件对深水J型管线进行了动力学分析,分别考虑了海流、波浪以及船舶运动对管线的影响,结果表明动态因素对管线的张力、弯矩以及应力都有很大的影响;Gong等[81-82]利用Orcaflex软件对S型管线进行了动力学分析,在分析中考虑了不同海况情况下波浪对于管线以及铺管船的影响;Jensen等[83]基于Reflex软件利用有限元法对管线进行了分析;Marchionni等[84]利用ABAQUS软件基于有限元法对S型管线进行了三维分析。

5. 其他计算方法

Jensen 等[85-88]基于多体动力学理论提出了将机器人手臂的计算方法应用于管线的计算当中,在考虑管线附加质量、科里奥利项、阻尼系数,以及海流力的情况下建立了 S 型管线和 J 型管线模型;杨丽丽[89]基于机械手臂法将管线与铺管船相结合,建立了船舶在垂直平面内运动时的管线运动学与动力学方程,进而利用鲁棒自适应控制方法建立了保证管线形态的有效的控制模型。孙丽萍等[90-92]基于集中质量法,推导了 S 型管线受力计算公式,建立了在考虑海床、托管架以及海流影响在内的三维管线数值模型;宋甲宗等[93-94]对 S 型管线进行了二维静力学分析,基于弹性杆理论建立了管线的平衡微分方程,采用样条函数分段拟合了管线的变形曲线,并利用加权残数的配点法求解了管线的平衡微分方程,从而得到了管线的变形情况。

1.4.3 管线与海底耦合研究进展

对于管线与海底耦合的相互作用,主要可以分为两种研究方法:一种是将管线与海底的相互作用简化为平面应变问题,分析不同管线埋深下的土体抗力情况;另一种是将管线整体进行考虑,分析管线整体受力情况对管土相互作用的影响[95]。

在将管线与海底的相互作用简化为平面应变问题中,Small 等[96]将管线假设为一个条形基础,其宽度为管线嵌入部分的弦长;Murff 等[97]基于塑性理论,得到了埋深度小于管线半径的土体抗力的上下限的结果。Aubeny 等[98]采用有限元法在考虑土体强度随着深度变化的情况下,分别对光滑与粗糙表面的管线所受得到的土体抗力进行了计算;Merifield 等[99]提出了考虑管线挤压海床时的侧倾向压力管土模型,从而计算了由于侧向压力而导致的弯曲,但此模型仅限于应用在管线埋深小于管线半径的情况。

另一种是将管线整体进行考虑,Lenci 等[100]应用了四种数学模型对 J 型管线进行了计算,分别对刚性海底与弹性海底的计算结果进行了对比分析,其中两个模型将刚性海底假设为 Winkler 土壤,将弹性海底假设为线性弹簧,其弹性刚度为常数,经过对比分析表明弹性海底的计算结果在形态与拉力分布上与刚性海底的计算结果有很大不同;Quéau 等[101]在 Lenci 建立的模型研究基础上对钢悬链线立管进行了计算分析,讨论了立管脱离点处的位移变化对管线静态应力的影响,并对不同工况下触地区域部分的应力进行了敏感性分析;Kosar 等[102]和 Rezazadeh 等[103]对 J 型管线进行了计算,将管线分为悬链段、边界层段和触地段三个部分,保证各段之间的连续性并用解析法和有限元法比较了刚-塑性海床,塑性海床和沟状海床三种不同海底模型,从而初步验证了理论方法中假设的可靠性同时运用理论方法对管线进行了疲劳评估;Aubeny 等[104-105]基于模型试验,将海底假设为非线性弹簧,从而计算了管线与海底的非线性相互作用;Palamer[106]将模型拓展到考虑土体强度随着深度变化的刚性海床模型;Yuan 等[107-108]在 Aubeny、Palamer 等研究的基础上,根据 J 型管线在铺设过程中的受力不同,将管线在海底部分分为触地段和回弹段,分别讨论了塑性海床与弹塑性海床管线的形态与受力,并得到了塑性海床情况下管线形态的解析解;白兴兰等[109-112]对深水中管线与海底耦合的相互作用试验研究进行了总结,基于大扰度的柔性索理论,并利用 Hamilton 原理和 Galerkin 方法理论建立了钢悬链线立管动力模型,并数值模拟了深水区域的钢悬链线立管与海床相互作用的问题,研究表明水动力系数的改变对立管触地点的动力响应的影响较为显著,主要体现在弯矩和张力幅值的增加。Wang 等[113]对钢悬链线立管进行了三维大尺度室内模型试验,分别对立管的静态与动态循环作用时管线受力以形态、沟槽的形成等进行了分析,经研究发现在多循环试验后管线的埋深所受到的弯矩都有大幅度的增加。

第2章 辐射力实时计算模型

为了满足实时性的需求,对辐射力的计算速度有较高要求,传统的计算方法难以满足实时性的要求,因此需要在传统理论方法的基础上建立一种快速计算辐射力的方法。本章首先详细论述了船舶时域运动理论,并更进一步地提出了一种基于辨识理论的高效且准确计算辐射力的方法。在建立辨识模型后,分别采用频域辨识与时域辨识对辐射力进行辨识分析与计算。

2.1 船舶时域运动理论

基于牛顿第二定律,在考虑船舶做微幅振荡运动时船舶的运动方程可以表示为

$$\sum_{i=1}^{6} M_{ij}\ddot{\xi} = F_j \tag{2-1}$$

式中,M 为船舶的质量,i 与 j 分别代表产生此质量系数和惯性力所对应的运动模态。对于运动 ξ 来说,$i = 1,2,3$ 为沿着 x,y,z 方向的线性运动,而 $i = 4,5,6$ 为绕着 x,y,z 轴的转动。相应力 F 的下标 $j = 1,2,3$ 为沿着 x,y,z 方向的力,而 $j = 4,5,6$ 为绕着 x,y,z 轴的转矩。

考虑船舶在无航速的情况下,假设船舶静止并漂浮于静水面上,在 $t = 0$ 时,船舶受到在第 j 个运动模式下脉冲位移 $\Delta\xi_j$。这一脉冲位移的时间历程本身并不是重要的,但为了直观起见,假设这一脉冲位移在有很大速度 v_j 下经由短暂时间 Δt 而成,即 $\Delta\xi_j = v_j\Delta t$。

由于这一脉冲速度的作用,流场内将会产生一个与船舶瞬时脉冲速度成正比的速度势,将该速度势记为 $v_j\psi_j$,其中 ψ_j 满足如下边界条件:

$$\begin{cases} \psi_j = 0, & z = 0 \\ \dfrac{\partial\psi_j}{\partial n} = n_j, & S \end{cases} \tag{2-2}$$

脉冲速度的作用所引起的速度势将在自由面上引起水面的抬高,这一抬高量 $\Delta\eta_j$ 可以由自由表面上的垂向诱导速度计算得到

$$\Delta\eta_j = v_j\frac{\partial\psi_j}{\partial z}\Delta t = \frac{\partial\psi_j}{\partial z}\Delta x_j \tag{2-3}$$

这一脉冲势引起的波浪抬高随着时间进行扩散,从而称为自由面记忆效应。此衰减效应的存在,使得若干时刻后流体运动将受到这一时刻脉冲运动的影响,在此将其记为 $\varphi_j\Delta x_j$,则 φ_j 必须满足如下初始条件:

$$\varphi_j(x,y,z,0) = 0 \tag{2-4}$$

同时在 $t = 0$ 时刻,初始的水面抬高应等于脉冲势引起的水面抬高

$$\Delta \xi_j \frac{\partial \varphi_j}{\partial t} = g \frac{\partial \psi_j}{\partial z} \Delta \xi_j, \quad z = 0 \qquad (2-5)$$

即

$$\frac{\partial \varphi_j}{\partial t} = g \frac{\partial \psi_j}{\partial z}, \quad z = 0 \qquad (2-6)$$

式(2-6)代表了两部分势函数间的关系,此后 φ_j 还应当满足物面边界条件

$$\begin{cases} \dfrac{\partial^2 \varphi_j}{\partial t^2} + g \dfrac{\partial \varphi_j}{\partial z} = 0, \quad z = 0 \\[3mm] \dfrac{\partial \varphi_j}{\partial n} = 0, \quad S \end{cases} \qquad (2-7)$$

当船舶作为任意时间变化的任意运动时,可以将船舶的运动看作由一系列的脉冲组成,由此速度势可以改写为

$$\Theta = \sum_{j=1}^{6} \left[V_{jn} \psi_j + \sum \varphi_j (t_n + (n-i)\Delta t) V_{jn} \Delta t \right] \qquad (2-8)$$

当 $\Delta t \to 0$ 时的极限为

$$\Theta = \sum_{j=1}^{6} \left[\dot{x}_j \psi_j + \int_{\infty}^{t} \varphi_j (t-\tau) \dot{x}_j(\tau) \mathrm{d}\tau \right] \qquad (2-9)$$

根据伯努利公式即可以计算出由于船体运动引起的船体附近的流场动压力分布为

$$p = -\rho \frac{\partial \Theta}{\partial t} = -\rho \sum_{j=1}^{6} \left[\ddot{\xi}_j \psi_j + \varphi_j(0) \dot{\xi}_j + \int_{\infty}^{t} \frac{\partial \varphi_j(t-\tau)}{\partial t} \dot{\xi}_j(\tau) \mathrm{d}\tau \right]$$

$$= -\rho \sum_{j=1}^{6} \left[\ddot{\xi}_j \psi_j + \int_{0}^{t} \frac{\partial \varphi_j(t-\tau)}{\partial t} \dot{\xi}_j(\tau) \mathrm{d}\tau \right] \qquad (2-10)$$

式(2-10)表征了由于船体运动引起的船体附近的压力场。作用在船体上的力可以由沿船体表面积分求得。在第 k 方向的流体动力可以表示为

$$F_k = - \iint p s_k \mathrm{d}s \qquad (2-11)$$

式中,n_k 为第 k 方向的物体表面方向余弦。将式(2-10)代入式(2-11)可以得到

$$F_k = \sum_{j=1}^{6} \rho \ddot{\xi}_j \psi_j \iint_S \psi_j s_k \mathrm{d}\sigma + \rho \iint_S s_k \mathrm{d}\sigma \int_{0}^{t} \frac{\partial \varphi_j(t-\tau)}{\partial t} \dot{\xi}_j(\tau) \mathrm{d}\tau \qquad (2-12)$$

定义

$$m_{kj} = \rho \iint_S \psi_j n_k \mathrm{d}\sigma \qquad (2-13)$$

$$K_{kj}(t) = \rho \iint_S \frac{\partial \varphi_j(t)}{\partial t} \mathrm{d}\sigma \qquad (2-14)$$

m_{kj} 相当于不计自由面记忆效应的流体附加质量;$K_{kj}(t)$ 称之为时延函数,用于表征由于自由面记忆效应产生的影响。

　　式(2-12)计算了船舶在水平面上运动引起的流体动力反作用力,但没有考虑由于流体静压力的影响,流体静压力作用于船体表现为船体所受到的浮力。在静止情况下,浮力与重力平衡,当船舶在做某一运动时,或偏离其平衡位置时,其水下体积发生变化,产生不平衡的力。这一不平衡的力或力矩与位移方向相反,使得船舶回到平衡位置,通常称为回复力,此力是由于流体静压力形成的,因此可以考虑为船舶静力学问题[114]。

　　从而在考虑了流体静压力的影响后,船舶在波浪上做任意运动的时域方程可以表示为

$$\sum_{j=1}^{6} \left[(M_{kj} + m_{kj}) \ddot{\xi}_j + \int_{\infty}^{t} K_{kj}(t-\tau) \dot{\xi}_j(\tau) \mathrm{d}\tau + C_{kj}\xi_j \right] = F_k(t) \tag{2-15}$$

且

$$\tau_R(t) = - m_{kj}\ddot{\xi}_j(t) - \int_{\infty}^{t} K_{kj}(t-\tau)\dot{\xi}_j(\tau)\mathrm{d}\tau \tag{2-16}$$

　　以上为 Cummins[115] 与 Ogilvie[116] 提出的时域理论中的辐射力计算方法,其中 $\mu = \int_{\infty}^{t} K_{kj}(t-\tau)\dot{\xi}_j(\tau)\mathrm{d}\tau$ 称为流体记忆效应。

　　对于规则波,船舶受到波浪干扰力是与波浪同频率的简谐函数,可以表示为

$$F_k(t) = \mathrm{Re}\{\overline{Fe}_k \mathrm{e}^{\mathrm{i}\omega t}\}, \quad k = 1,2,\cdots,6 \tag{2-17}$$

其中, $\overline{Fe}_k$ 为复数,代表干扰力的振幅,将式(2-17)代入式(2-15)可得到

$$\sum_{j=1}^{6} \left[(M_{kj} + m_{kj}) \ddot{\xi}_j + \int_{\infty}^{t} K_{kj}(t-\tau)\dot{\xi}_j(\tau)\mathrm{d}\tau + C_{kj}\xi_j \right] = \mathrm{Re}\{\overline{Fe}_k \mathrm{e}^{\mathrm{i}\omega t}\} \tag{2-18}$$

　　船舶在规则波作用下,由于阻尼力的作用,其运动最终将趋向同一频率的振荡运动,故

$$\xi_j = \mathrm{Re}\{\overline{X}_j \mathrm{e}^{\mathrm{i}\omega t}\}, \quad k = 1,2,\cdots,6 \tag{2-19}$$

式中, $\overline{X}_j = \overline{X}_{jR} + \mathrm{i}\,\overline{X}_{jI}$, $\overline{X}_{jR}$ 、 $\overline{X}_{jI}$ 分别为实部与虚部,将式(2-19)代入式(2-18),并展开实部化简可以得到

$$\sum_{j=1}^{6} \left[(M_{kj} + m_{kj}) \ddot{\xi}_j - \frac{1}{\omega}\ddot{\xi}_j\int_{0}^{\infty} K_{kj}(t-\tau)\sin\omega\mathrm{d}\tau + \dot{\xi}_j\int_{0}^{\infty} K_{kj}(t-\tau)\cos\omega K_{kj}(t-\tau)\mathrm{d}\tau + C_{kj}x_j \right]$$
$$= \overline{Fe}_{kR}\cos\omega t + \overline{Fe}_{kI}\sin\omega t \tag{2-20}$$

　　式(2-20)代表了船舶在波浪上做振荡运动时,与振荡频率相关的附加质量与阻尼系数分别记为

$$\begin{cases} A_{kj}(\omega) = m_{kj} - \dfrac{1}{\omega}\displaystyle\int_{0}^{\infty} K_{kj}(\tau)\sin\omega\tau\mathrm{d}\tau \\[3mm] B_{kj}(\omega) = \displaystyle\int_{0}^{\infty} K_{kj}(\tau)\cos\omega\tau\mathrm{d}\tau \end{cases} \tag{2-21}$$

　　式(2-21)通过逆变换,利用附加质量 $A(\omega)$ 与阻尼系数 $B(\omega)$ 可以计算得到时延函数 $K(\tau)$ 的表达式为

$$K_{kj}(\tau) = \frac{2}{\pi}\int_{0}^{\infty} \omega[m_{kj} - A_{kj}(\omega)]\sin\omega\tau\mathrm{d}\tau = \frac{2}{\pi}\int_{0}^{\infty} \omega B_{kj}(\omega)\cos\omega\tau\mathrm{d}\tau \tag{2-22}$$

应用 Fourier 变换可以得到频域的表达方式为

$$K_{kj}(j\omega) = \int_0^\infty K_{kj}(\tau)e^{-j\omega\tau}d\tau$$
$$= K_{re}(j\omega) + jK_{im}(j\omega)$$
$$= B_{kj}(\omega) + j\omega[A_{kj}(\omega) - m_{kj}] \qquad (2-23)$$

由于 $\boldsymbol{A}_{kj}(\omega) = \boldsymbol{A}_{kj}^{\mathrm{T}}(\omega)$ 及 $\boldsymbol{B}_{kj}(\omega) = \boldsymbol{B}_{kj}^{\mathrm{T}}(\omega)$，因此

$$K_{kj}(j\omega) = K_{jk}(j\omega), \quad k = 1,2,\cdots,6; j = 1,2,\cdots,6 \qquad (2-24)$$

式中，$\boldsymbol{A}(\omega)$ 为频域计算出的附加质量矩阵，$\boldsymbol{B}(\omega)$ 为频域计算出的阻尼系数矩阵，低频部分的附加质量与阻尼系数可以通过 Hydrostar 等水动力软件计算得到，但由于势流理论不能计算高频部分的附加质量与阻尼系数，本书需要通过辨识方法获得。

由于式(2-16)中含有卷积分项，在仿真过程中对时间和内存的消耗巨大，不便于实时仿真应用。Kristiansen 等[117-118]提出可以将卷积分项通过状态方程进行替换，对于随机系统，当 $t < 0$ 时，$K_{kj}(t-\tau) = 0$。将 $\xi_j(\tau)$ 作为单位脉冲输入，式(2-16)中的流体记忆效应项可以用线性的状态方程形式代替为[119]

$$\dot{x} = \hat{A}x + \hat{B}\xi$$
$$\hat{\mu} = \hat{C}x + \hat{D}\xi \qquad (2-25)$$

式中，ξ 的维度即为状态空间方程的阶数，$\hat{A},\hat{B},\hat{C},\hat{D}$ 为卷积项中时延函数辨识得到的状态空间参数，为固定值。

2.2　时延函数的性质

性质 1　当 $\omega \to 0$ 时，对于式(2-23)

$$\lim_{\omega\to 0} K_{kj}(j\omega) = \lim_{\omega\to 0}\{B_{kj}(\omega) + j\omega[A_{kj}(\omega) - m_{kj}]\} = B_{kj}(0) \qquad (2-26)$$

由于当航速为 0 时，$B(0) = 0$，由此可得到

$$\lim_{\omega\to 0} K_{kj}(j\omega) = 0, \quad \forall k = 1,2,\cdots,6; j = 1,2,\cdots,6 \qquad (2-27)$$

对式(2-27)进行变换为

$$\lim_{\omega\to 0} K_{kj}(j\omega) = \lim_{\omega\to 0}\frac{N_{kj}(j\omega)}{D_{kj}(j\omega)} = \lim_{\omega\to 0}\frac{b_{n-1}(j\omega)^{n-1} + \cdots + b_1(j\omega) + b_0}{(j\omega)^n + a_{n-1}(j\omega)^{n-1} + \cdots + a_1(j\omega) + a_0} = \frac{b_0}{a_0} = 0$$
$$(2-28)$$

由此可得 $b_0 = 0, a_0 \neq 0$，对于上式，令 $s = j\omega$，则

$$K_{kj}(s) = \frac{N_{kj}(s)}{D_{kj}(s)} = \frac{b_{n-1}s^{n-1} + \cdots + b_1 s}{s^n + a_{n-1}s^{n-1} + \cdots + a_1 s + a_0} \qquad (2-29)$$

性质 2　当 $\omega \to \infty$ 时，对于式(2-23)

$$\lim_{\omega\to\infty} K_{kj}(j\omega) = \lim_{\omega\to\infty}\{B_{kj}(\omega) + j\omega[A_{kj}(\omega) - m_{kj}]\} = B(\infty) \qquad (2-30)$$

由于当 $\omega \to \infty$ 时，$B(\infty) = 0$，因此

$$\lim_{\omega \to \infty} K_{kj}(j\omega) = 0, \quad \forall k = 1,2,\cdots,6; j = 1,2,\cdots,6 \tag{2-31}$$

由此可得

$$\lim_{\omega \to \infty} K_{kj}(j\omega) = \lim_{\omega \to \infty} \frac{N_{kj}(j\omega)}{D_{kj}(j\omega)} = \lim_{\omega \to \infty} \frac{b_{n-1}(j\omega)^{n-1} + \cdots + b_1(j\omega)}{(j\omega)^n + a_{n-1}(j\omega)^{n-1} + \cdots + a_1(j\omega) + a_0} = 0 \tag{2-32}$$

性质 3　脉冲响应初值

假设 $B(\omega)$ 在 $\omega = \omega_1$ 时 $B(\omega) \to 0$，则

$$K_{kj}(t) = \frac{2}{\pi}\int_0^{\omega_1} B_{kj}(\omega)\cos\omega t\,\mathrm{d}\omega + \frac{2}{\pi}\int_{\omega_1}^{\infty} B_{kj}(\omega)\cos\omega t\,\mathrm{d}\omega \tag{2-33}$$

其中

$$\frac{2}{\pi}\int_{\omega_1}^{\infty} B(\omega)\cos\omega t\,\mathrm{d}\omega = 0 \tag{2-34}$$

当 $t = 0$ 时

$$K(t = 0) = \frac{2}{\pi}\int_0^{\omega_1} B(\omega)\,\mathrm{d}\omega \tag{2-35}$$

由于特征值 $\det(B(\omega)) \geqslant 0$，$\forall \omega$，由此 $\det(K(t=0)) \geqslant 0$。$B(\omega)$ 为半正定：$K_{kk}(t = 0) \geqslant 0$，$\forall i = 1,2,\cdots,6$。

当 $K_{kj}(0)$ 为非对角线元素时，$\forall k = 1,2,\cdots,6; j = 1,2,\cdots,6, k \neq j$，可以为 0、正值与负值。

如果假设 $K_{kj}(t)$ 每个元素都为非零值，那么

$$\lim_{t \to 0^+} K_{kj}(t) = \lim_{s \to \infty} s K_{kj}(s) = \lim_{s \to \infty} s \frac{N_{kj}(s)}{D_{kj}(s)} = \lim_{s \to \infty} \frac{s(b_{n-1}s^{n-1} + \cdots + b_1 s)}{s^n + a_{n-1}s^{n-1} + \cdots + a_1 s + a_0}$$

$$= \lim_{s \to \infty} \frac{b_{n-1}s^n + \cdots + b_1 s^2}{s^n + a_{n-1}s^{n-1} + \cdots + a_1 s + a_0} = b_{n-1} \tag{2-36}$$

则上式可以写成

$$\lim_{t \to 0^+} K_{kj}(t) = \lim_{s \to \infty} s K_{kj}(s) = \begin{bmatrix} b_{11_{n-1}} & \cdots & b_{16_{n-1}} \\ \vdots & & \vdots \\ b_{61_{n-1}} & \cdots & b_{66_{n-1}} \end{bmatrix} = K(t = 0)$$

由此可以得出结论，$K_{kj}(0) \neq 0$ 的传递函数应当为 1 自由度。

性质 4　如果时间趋于无穷，根据 Riemann - Lebesgue：脉冲响应当时间趋于 0 时，其结果也趋于 0，即

$$\lim_{t \to \infty} k(t) = \lim_{t \to \infty} \frac{2}{\pi}\int_0^{\infty} B(\omega)\cos\omega t\,\mathrm{d}\omega = 0 \tag{2-37}$$

因此

$$\lim_{t \to \infty} k_{ij}(t) = 0, \quad \forall i = 1,2,\cdots,6; j = 1,2,\cdots,6 \tag{2-38}$$

由此可知 $K_{kj}(t)$ 为绝对可积的,即

$$\int_0^\infty |K_{kj}(t)| < \infty , \quad \forall k = 1,2\cdots,6 ; j = 1,2,\cdots,6 \tag{2-39}$$

性质 5 由式(2-15)和式(2-25)可知,在任意自由度上,时域船舶运动方程可以表示为

$$\begin{cases} (M + m)\ddot{\xi}(t) + \hat{\mu} + C_h\xi(t) = \tau(t) \\ \dot{x}(t) = \hat{A}x(t) + \hat{B}\xi(t) \\ \hat{\mu} = \hat{C}x(t) \end{cases} \tag{2-40}$$

在此定义 $z(t)$ 为向量的形式为

$$\boldsymbol{\gamma}(t) = \begin{bmatrix} \dot{\xi}(t) \\ \xi(t) \\ x(t) \end{bmatrix} \tag{2-41}$$

将式(2-41)代入方程(2-40),并改写为状态方程的形式,即

$$\begin{bmatrix} \ddot{\xi}(t) \\ \dot{\xi}(t) \\ \dot{x}(t) \end{bmatrix} = \begin{bmatrix} 0 & -(M+m)^{-1}C_h & -(M+m)^{-1}\hat{C} \\ I & 0 & 0 \\ \hat{B} & 0 & \hat{A} \end{bmatrix} \begin{bmatrix} \dot{\xi}(t) \\ \xi(t) \\ x(t) \end{bmatrix} + \begin{bmatrix} I \\ 0 \\ 0 \end{bmatrix} \tau(t) \tag{2-42}$$

由此在 Laplace domain 中可以表示为

$$K(s) = C(sI - A)^{-1}B \tag{2-43}$$

$$M\ddot{\xi}(s) + K(s)\tau_{R2}(s) + C_h\xi(s) = \tau_{visc}(s) + \tau_{ext}(s) + \tau_A(s) \tag{2-44}$$

2.3 辨识模型的建立

由于势流理论不能计算高频部分的附加质量与阻尼系数,本书需要通过辨识方法获得。Fossen 等[120-121]表示一个好的辨识模型应当具有以下三方面的特点:

(1)状态空间模型结果需要满足时滞函数的特性;

(2)模型稳定性和无源性;

(3)辨识方法的便用性。

根据以上条件,从而可以将辨识模型的求解简化为利用最小二乘拟合方法求最优解的方法。通过 Hydrostar/Sesam 可以得到对应频率下离散的附加质量 $A_{kj}(\omega)$ 和阻尼系数 $B_{kj}(\omega)$,从而得到离散频率下对应的时延函数频域结果 $K_{kj}(j\omega)$,如果假设

$$K_{kj}(j\omega) \approx \hat{K}_{kj}(s = j\omega) \tag{2-45}$$

其中,$\hat{K}_{kj}(s)$ 是待求的传递函数,其 k 行 j 列数值为

$$\hat{K}_{kj}(s,\theta) = \frac{P_{kj}(s,\theta)}{Q_{kj}(s,\theta)} = \frac{p_m s^m + p_{m-1} s^{m-1} + \cdots + p_0}{s^n + q_{n-1} s^{n-1} + \cdots + q_0} \tag{2-46}$$

定义 $\theta = [p_m, \cdots, p_0, q_{n-1}, \cdots, q_0]$ 为传递函数 $\hat{K}_{kj}(s)$ 的待确定参数,问题可化解为曲线拟合问题:

$$\theta^* = \arg\min_{\theta} \sum_i \omega_i \mid K_{kj}(j\omega_i) - \hat{K}_{kj}(j\omega_i, \theta) \mid^2 \qquad (2-47)$$

ω_i 为频域计算软件输入的离散频率,通过附加质量 $A_{kj}(\omega_i)$ 和阻尼系数 $B_{kj}(\omega_i)$ 可以得到 $K(j\omega_i)$ 作为拟合目标求解 θ^*。根据第 2.2 节时延函数的性质,式(2-47)还需要满足以下特性:

(1) $\hat{K}_{kj}(0) = 0$;

(2) $\hat{K}_{kj}(s)$ 的特征矩阵满秩;

(3) $\hat{K}_{kj}(s)$ 稳定;

(4) $\hat{K}_{kj}(s)$ 在 $k = j$ 时是正有理数。

Levy[122] 对于方程(2-47)的线性化处理可得到如下形式:

$$\theta^* = \arg\min_{\theta} \sum_i s_{i,k} \mid Q(j\omega_i, \theta) K(j\omega_i) - P(j\omega_i, \theta) \mid^2 \qquad (2-48)$$

式中,$s_{i,k} = \dfrac{1}{\mid Q(j\omega, \theta_{p-1}) \mid^2}$ 。

根据上述传递函数 $\hat{K}_{kj}(s)$ 的参数结果,可以依照下式求取状态空间方程参数

$$\hat{A} = \begin{bmatrix} -q_1 & -q_2 & -q_3 & \cdots & -q_{n-1} \\ 1 & 0 & 0 & 0 & 0 \\ 0 & 1 & 0 & 0 & 0 \\ \vdots & \vdots & \vdots & & \vdots \\ 0 & 0 & 0 & 0 & 1 \\ 0 & 0 & 0 & 0 & 0 \end{bmatrix}, \quad \hat{B} = \begin{bmatrix} 1 \\ 0 \\ \vdots \\ 0 \end{bmatrix} \qquad (2-49)$$

$$\hat{C} = [p_1, p_2, \cdots, p_m], \quad \hat{D} = 0$$

对于阶数的选择,一般从最小阶数 $\hat{K}_{kj}^{\min}(s) = p_1 s/(s^2 + q_1 s + q_0)$ 开始进行求解,逐渐提高阶数,直到满意结果为止,通常根据度量参数拟合质量的置信度系数 R^2 来判断结果是否满足要求:

$$R^2 = \frac{\sum_k (X_k - \hat{X}_k)^2}{\sum_k (X_k - \bar{X}_k)^2} \qquad (2-50)$$

式中,X_k 是数据值 $\hat{X}_k$ 的估计值。

式(2-49)的参数求解既可以通过频域辨识也可以通过时域辨识进行求解,求解流程如图 2-1 所示。

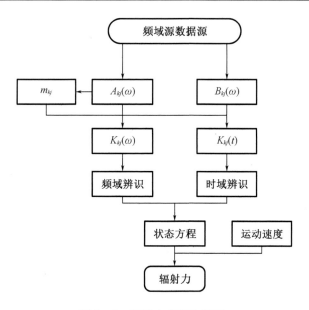

图 2 - 1　辐射力求解流程图

2.4　频域辨识方法

由式(2 - 23)可知其实部 $K_{re}(j\omega)$ 与虚部 $K_{im}(j\omega)$ 分别表示为

$$K_{re}(j\omega) = B_{kj}(\omega)$$
$$K_{im}(j\omega) = \omega[A_{kj}(\omega) - m_{kj}]$$

$(2 - 51)$

由此可以得到 $K_{ij}(j\omega)$ 的幅值与相位角分别为

$$|K_{kj}(j\omega)| = \sqrt{B_{kj}(\omega)^2 + [\omega(A_{kj}(\omega) - M_{ij})]^2}$$
$$\angle K_{kj}(j\omega) = \arctan\left\{\frac{\omega[A_{kj}(\omega) - m_{kj}]}{B_{kj}(\omega)}\right\}$$

$(2 - 52)$

对于状态空间方程参数(式(2 - 49)),需要利用 Matlab Signal Processing Toolbox 的 inv-freqs 函数基于最小二乘法求解式(2 - 48)。

本章及后续章节的数值仿真中,都以"海洋石油 201"号深水铺管船(S/J 两用管线铺设船舶)为研究对象,其船体主尺度参数见表 2 - 1。

表 2 - 1　船舶主尺度

项目	数值	项目	数值
总长 L_{OA}/m	204.65	两柱间长 L_{PP}/m	185.0
型宽 B/m	39.2	型深 D/m	14.0
平均吃水 T/m	8.313	排水量 Δ/t	50 572.6

表 2 – 1(续)

项目	数值	项目	数值
重心高度(距基线)/m	14.49	稳性高 GM/m	6.59
修正后稳性高 GM'/m	6.03	纵向惯量半径 K_{yy}/m	52.79
横向惯量半径 K_{xx}/m	15.56		

图 2 – 2 至图 2 – 25 为船舶处于纵荡、横荡、垂荡、横摇、纵摇、艏摇方向时在不同置信度情况下得到的附加质量、阻尼系数、时延函数幅值与时延函数相位角辨识的结果。由图 2 – 2 至图 2 – 25 可知在低置信度 $R^2 = 0.9$ 时,辨识得到的结果与原始曲线有较大的差别,随着置信度的增大达到 $R^2 = 0.995$ 时,"海洋石油 201"船在六自由度方向得到的辨识的最大阶数仅为 4 阶,见表 2 – 2。

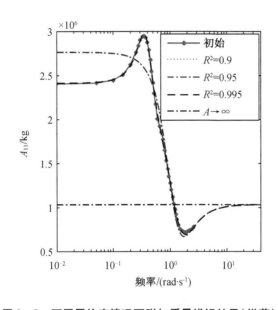

图 2 – 2　不同置信度情况下附加质量辨识结果(纵荡)

如图 2 – 2 至图 2 – 5 所示,在纵荡方向上当置信度达到 $R^2 = 0.995$ 时,辨识得到的阶数为 4 阶,当频率 $\omega = 0.349$ rad/s 时,附加质量最大为 $A_{11max} = 2.97 \times 10^6$ kg,频率趋于无穷大时,附加质量达到 $A_{11}(\infty) = 1.04 \times 10^6$ kg。在频率 $\omega = 1.205$ rad/s 时,阻尼达到最大为 $B_{11max} = 1.308 \times 10^6$ kg/s。在频率 $\omega = 1.233$ rad/s 时,时延函数达到最大幅值为 $|K_{11}(\mathrm{j}\omega)|_{max} = 122.3$。

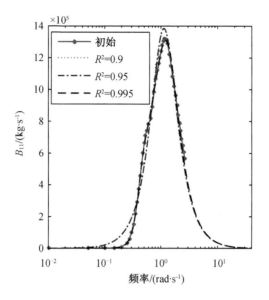

图 2 - 3　不同置信度情况下阻尼系数辨识结果(纵荡)

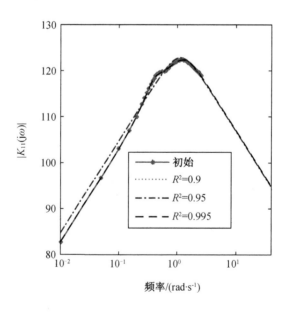

图 2 - 4　不同置信度情况下时延函数幅值辨识结果(纵荡)

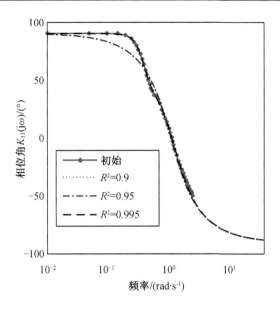

图 2 - 5　不同置信度情况下时延函数相位角辨识结果(纵荡)

如图 2 - 6 至图 2 - 9 所示,在横荡方向上当置信度达到 $R^2 = 0.995$ 时,辨识得到的阶数为 4 阶,当频率 $\omega = 0.473$ rad/s 时,附加质量最大为 $A_{22\,max} = 3.649 \times 10^7$ kg,频率趋于无穷大时,附加质量达到 $A_{22}(\infty) = 8.936 \times 10^6$ kg。在频率 $\omega = 0.881$ rad/s 时,阻尼达到最大为 $B_{22max} = 1.98 \times 10^7$ kg/s。在频率 $\omega = 0.785$ rad/s 时,时延函数达到最大幅值为 $|K_{22}(j\omega)|_{max} = 146$。

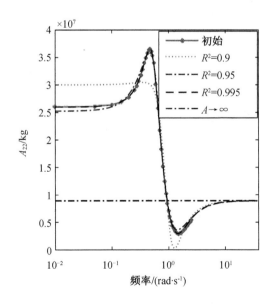

图 2 - 6　不同置信度情况下附加质量辨识结果(横荡)

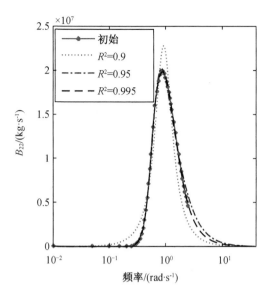

图 2－7　不同置信度情况下阻尼系数辨识结果（横荡）

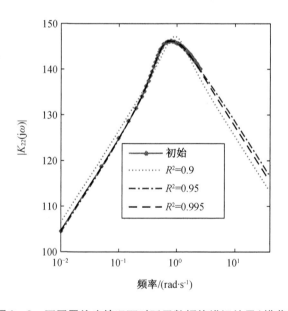

图 2－8　不同置信度情况下时延函数幅值辨识结果（横荡）

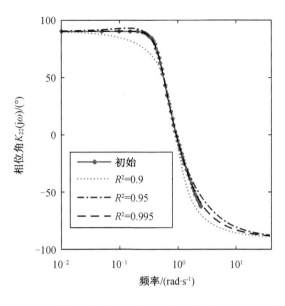

图 2 – 9　不同置信度情况下时延函数相位角辨识结果(横荡)

如图 2 – 10 至图 2 – 13 所示,在垂荡方向上当置信度达到 $R^2 = 0.995$ 时,辨识得到的阶数为 3 阶,当频率 $\omega = 0.117$ rad/s 时,附加质量最大为 $A_{33\max} = 2.457 \times 10^8$ kg,频率趋于无穷大时,附加质量达到 $A_{33}(\infty) = 1.16 \times 10^8$ kg。在频率 $\omega = 0.477$ rad/s 时,阻尼达到最大为 $B_{33\max} = 4.72 \times 10^7$ kg/s。在频率 $\omega = 0.473$ rad/s 时,时延函数达到最大幅值为 $\left| K_{33}(\mathrm{j}\omega) \right|_{\max} = 153.5$。

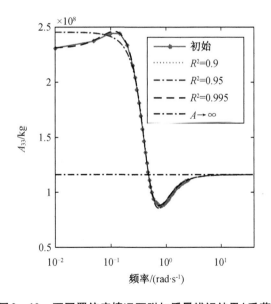

图 2 – 10　不同置信度情况下附加质量辨识结果(垂荡)

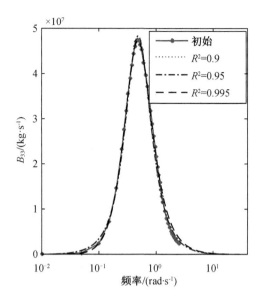

图 2-11   不同置信度情况下阻尼系数辨识结果(垂荡)

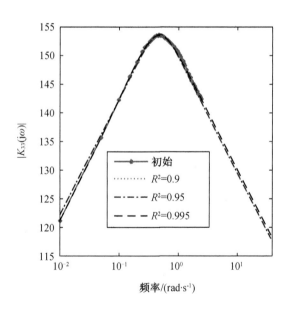

图 2-12   不同置信度情况下时延函数幅值辨识结果(垂荡)

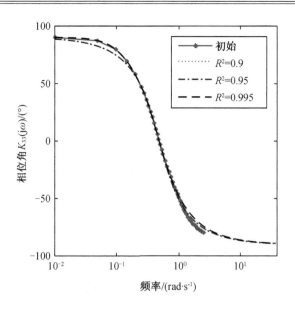

图 2 - 13　不同置信情况下时延函数相位角辨识结果(垂荡)

如图 2 - 14 至图 2 - 17 所示,在横摇方向上当置信度达到 $R^2 = 0.995$ 时,辨识得到的阶数为 4 阶,当频率 $\omega = 0.417$ rad/s 时,附加质量最大为 $A_{44\max} = 5.958 \times 10^9$ kg · m · m,频率趋于无穷大时,附加质量达到 $A_{44}(\infty) = 4.63 \times 10^9$ kg · m · m。在频率 $\omega = 0.757$ rad/s 时,阻尼达到最大为 $B_{44\max} = 8.282 \times 10^8$ kg · m · m/s。在频率 $\omega = 0.657$ rad/s 时,时延函数达到最大幅值为 $|K_{44}(j\omega)|_{\max} = 178.6$ 。

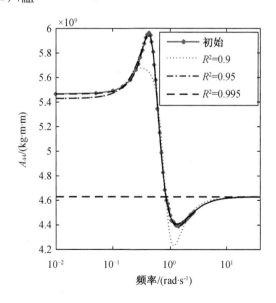

图 2 - 14　不同置信情况下附加质量辨识结果(横摇)

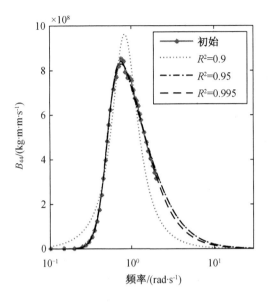

图 2 - 15 不同置信度情况下阻尼系数辨识结果（横摇）

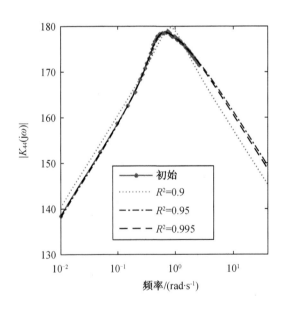

图 2 - 16 不同置信度情况下时延函数幅值辨识结果（横摇）

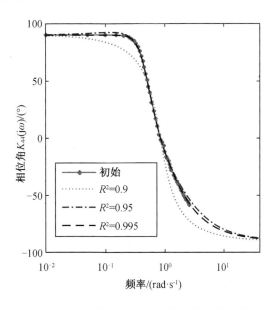

图 2 – 17　不同置信度情况下时延函数相位角辨识结果(横摇)

如图 2 – 18 至图 2 – 21 所示,在纵摇方向上当置信度达到 $R^2 = 0.995$ 时,辨识得到的阶数为 3 阶,当频率 $\omega = 0.345$ rad/s 时,附加质量最大为 $A_{55\max} = 4.119 \times 10^{11}$ kg·m·m,频率趋于无穷大时,附加质量达到 $A_{55}(\infty) = 2.274 \times 10^{11}$ kg·m·m。在频率 $\omega = 0.621$ rad/s 时,JP 阻尼达到最大为 $B_{55\max} = 1.042 \times 10^{11}$ kg·m·m/s。在频率 $\omega = 0.565$ rad/s 时,时延函数达到最大幅值为 $|K_{55}(j\omega)|_{\max} = 220.6$。

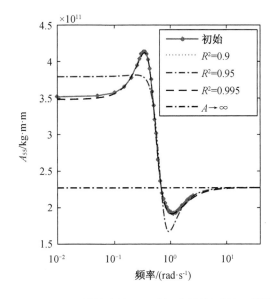

图 2 – 18　不同置信度情况下附加质量辨识结果(纵摇)

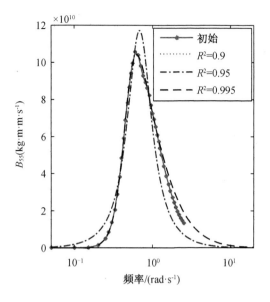

图 2 - 19　不同置信度情况下阻尼系数辨识结果(纵摇)

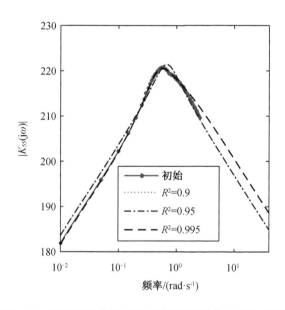

图 2 - 20　不同置信度情况下时延函数幅值辨识结果(纵摇)

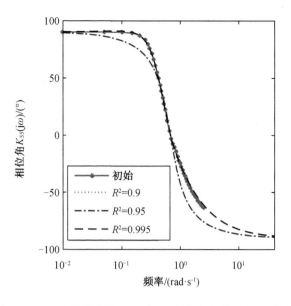

图 2 - 21　不同置信度情况下时延函数相位角辨识结果(纵摇)

如图 2 - 22 至图 2 - 25 所示,当置信度达到 $R^2 = 0.995$ 时,辨识得到的阶数为 4 阶,在艏摇方向上当频率 $\omega = 0.565$ rad/s 时,附加质量最大为 $A_{66\max} = 6.958 \times 10^{10}$ kg·m·m,频率趋于无穷大时,附加质量达到 $A_{66}(\infty) = 2.078 \times 10^{10}$ kg·m·m。在频率 $\omega = 0.757$ rad/s 时,阻尼达到最大为 $B_{66\max} = 3.56 \times 10^{10}$ kg·m·m/s。在频率 $\omega = 0.745$ rad/s 时,时延函数达到最大幅值为 $|K_{55}(\mathrm{j}\omega)|_{\max} = 211.4$。

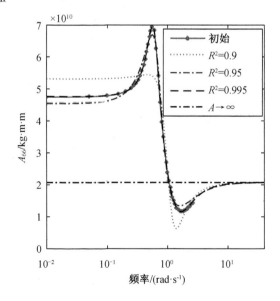

图 2 - 22　不同置信度情况下附加质量辨识结果(艏摇)

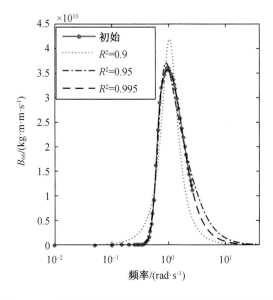

图 2 - 23　不同置信度情况下阻尼系数辨识结果(艏摇)

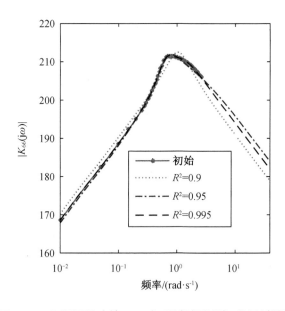

图 2 - 24　不同置信度情况下时延函数幅值辨识结果(艏摇)

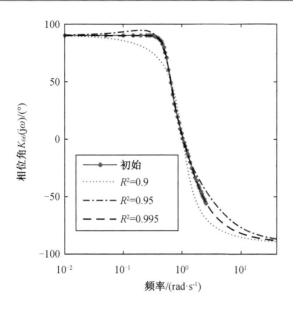

图 2 – 25　不同置信度情况下时延函数相位角辨识结果(艏摇)

表 2 – 2　频域辨识阶数

自由度	置信度	阶数	自由度	置信度	阶数
1	$R^2 = 0.9$	2	4	$R^2 = 0.9$	2
	$R^2 = 0.95$	2		$R^2 = 0.95$	3
	$R^2 = 0.995$	4		$R^2 = 0.995$	4
2	$R^2 = 0.9$	3	5	$R^2 = 0.9$	2
	$R^2 = 0.95$	3		$R^2 = 0.95$	2
	$R^2 = 0.995$	4		$R^2 = 0.995$	3
3	$R^2 = 0.9$	2	6	$R^2 = 0.9$	2
	$R^2 = 0.95$	2		$R^2 = 0.95$	3
	$R^2 = 0.995$	3		$R^2 = 0.995$	4

2.5　时域辨识方法

Greenhow[123]研究表明在阻尼系数趋近于无穷大时,其曲线为多因次函数,本书将其假设为

$$B(\omega) \rightarrow \frac{\beta_1}{\omega^4} + \frac{\beta_2}{\omega^2}, \quad \omega \rightarrow \infty \tag{2-53}$$

为了验证阻尼系数多因次假设性的准确性,在此与频域辨识时置信度为 $R^2 = 0.995$ 时所得到的阻尼曲线作为对比,如图 2 – 26 至图 2 – 31 所示。从图中可以看出船舶六自由度方向频域辨识得到的阻尼系数结果与多因次假设得到阻尼系数结果吻合度非常好,从而互相验证了两种方法的准确性。

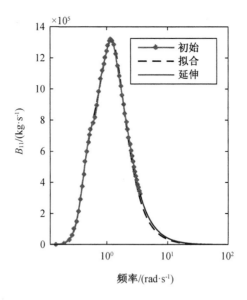

图 2-26　频率 $\omega \in (0, \infty)$ 时阻尼系数对比(纵荡)

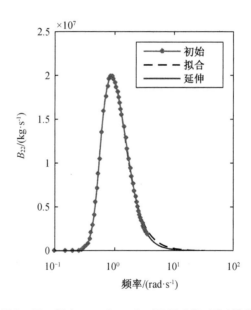

图 2-27　频率 $\omega \in (0, \infty)$ 时阻尼系数对比(横荡)

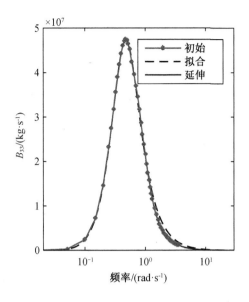

图 2 - 28 频率 $\omega \in (0, \infty)$ 时阻尼系数对比(垂荡)

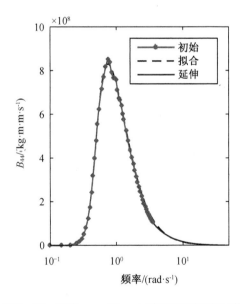

图 2 - 29 频率 $\omega \in (0, \infty)$ 时阻尼系数对比(横摇)

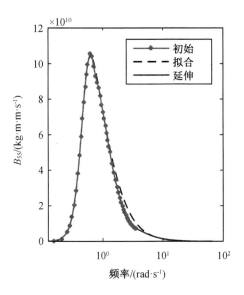

图 2 - 30 频率 $\omega \in (0, \infty)$ 时阻尼系数对比(纵摇)

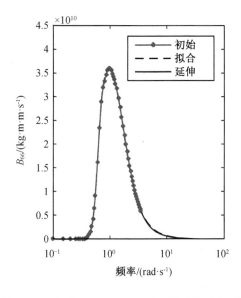

图 2 - 31 频率 $\omega \in (0, \infty)$ 时阻尼系数对比(艏摇)

假设 $B(\omega)$ 在 $\omega = \omega_1$ 时 $B(\omega) \rightarrow 0$,则

$$K_{ij}(t) = \frac{2}{\pi} \int_0^{\omega_1} B_{ij}(\omega) \cos \omega t \mathrm{d}\omega + \frac{2}{\pi} \int_{\omega_1}^{\infty} B_{ij}(\omega) \cos \omega t \mathrm{d}\omega \qquad (2-54)$$

其中

$$\frac{2}{\pi}\int_{\omega_1}^{\infty} B_{ij}(\omega)\cos \omega t\mathrm{d}\omega \rightarrow 0 \qquad (2-55)$$

则

$$K_{ij}(t) \approx \frac{2}{\pi}\sum_{i=1}^{\omega_1} B_{ij}(i\Delta\omega)\cos(i\Delta\omega t)\Delta\omega \qquad (2-56)$$

其置信度可以表示为

$$R^2 = 1 - \frac{\sum / (K_{ij} - \tilde{K}_{ij})^2}{\sum / (K_{ij} - \bar{K}_{ij})^2}, \quad 0 \leqslant R^2 \leqslant 1 \qquad (2-57)$$

如图 2-32 至图 2-37 所示,在置信度为 $R^2 = 0.9$ 时,得到的辨识结果与原始结果相差很大,辨识阶数在纵摇时最大达到 8 阶;在置信度为 $R^2 = 0.95$ 时,在纵荡、横荡与横摇方向上结果有很大改善,但阶数也随之增加;在置信度为 $R^2 = 0.995$ 时,在六个自由度方向,普遍得到了满意的结果,但阶数在横摇方向达到了 37 阶,最小阶数在纵荡方向上也有 5 阶之多,见表2-3。

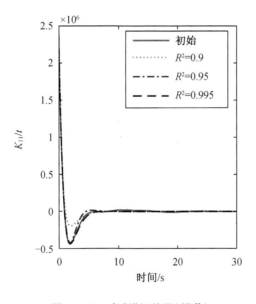

图 2-32 时域辨识结果(纵荡)

如图 2-32 所示,在纵荡方向,进行时域辨识方法置信度达到 $R^2 = 0.995$ 时,辨识得到的阶数为 5 阶。在 $t = 0$ s 初始时为最大时延函数 $K_{11\max} = 2.349 \times 10^6$,随着时间的增加在,$t = 1.95$ s 时,最小时延函数 $K_{11\min} = -4.269 \times 10^5$。如图 2-33 所示,在横荡方向,进行时域辨识方法置信度达到 $R^2 = 0.995$ 时,辨识得到的阶数为 13 阶,得到阶数比较大。在 $t = 0$ s 初始时为最大时延函数 $K_{22\max} = 2.117 \times 10^7$,随着时间的增加,在 $t = 2.35$ s 时,最小时延函数 $K_{22\min} = -6.022 \times 10^6$。

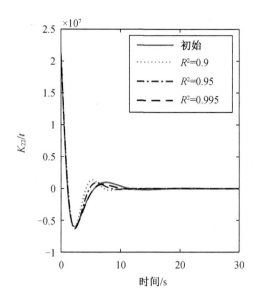

图 2 – 33　时域辨识结果（横荡）

如图 2 – 34 所示，在垂荡方向，进行时域辨识方法置信度达到 $R^2 = 0.995$ 时，辨识得到的阶数为 16 阶，得到阶数比较大。在 $t = 0.16$ s 时为最大时延函数 $K_{33\max} = 2.695 \times 10^7$，随着时间的增加，在 $t = 4.5$ s 时，最小时延函数 $K_{33\min} = -7.185 \times 10^6$。如图 2 – 35 在横摇方向进行时域辨识方法时，需要辨识阶数达到 37 阶才能得到较好置信度达到 $R^2 = 0.995$，在 $t = 0$ s 初始时为最大时延函数 $K_{44\max} = 1.032 \times 10^9$，随着时间的增加，在 $t = 2.56$ s 时，最小时延函数 $K_{44\min} = -2.114 \times 10^8$。

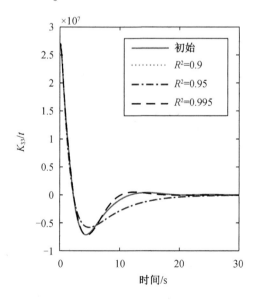

图 2 – 34　时域辨识结果（垂荡）

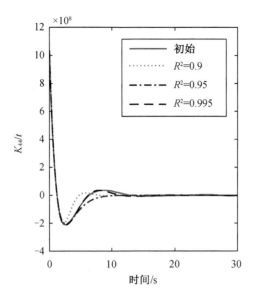

图 2 – 35　时域辨识结果(横摇)

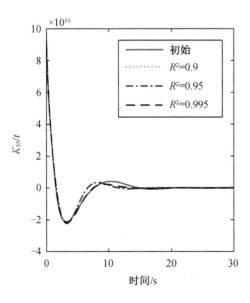

图 2 – 36　时域辨识结果(纵摇)

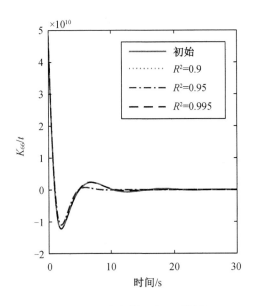

图 2 - 37   时域辨识结果 (艏摇)

表 2 - 3   时域辨识阶数

自由度	置信度	阶数	自由度	置信度	阶数
1	$R^2 = 0.9$	3	4	$R^2 = 0.9$	3
	$R^2 = 0.95$	4		$R^2 = 0.95$	6
	$R^2 = 0.995$	5		$R^2 = 0.995$	37
2	$R^2 = 0.9$	3	5	$R^2 = 0.9$	8
	$R^2 = 0.95$	7		$R^2 = 0.95$	8
	$R^2 = 0.995$	13		$R^2 = 0.995$	18
3	$R^2 = 0.9$	3	6	$R^2 = 0.9$	3
	$R^2 = 0.95$	3		$R^2 = 0.95$	3
	$R^2 = 0.995$	16		$R^2 = 0.995$	14

如图 2 - 36 所示,在纵摇方向,进行时域辨识方法置信度达到 $R^2 = 0.995$ 时,辨识得到的阶数为 18 阶,得到阶数比较大。在初始时最大时延函数 $K_{55max} = 9.762 \times 10^{10}$,随着时间的增加,在 $t = 3.34$ s 时,最小时延函数 $K_{55min} = -2.313 \times 10^{10}$。如图 2 - 37 所示,在艏摇方向,进行时域辨识方法置信度达到 $R^2 = 0.995$ 时,辨识得到的阶数为 14 阶,得到阶数比较大,在 $t = 0$ s 初始时为最大时延函数 $K_{66max} = 4.832 \times 10^{10}$,随着时间的增加,在 $t = 2.06$ s 时,最小时延函数 $K_{66min} = -1.221 \times 10^{10}$。

第3章　铺管船实时运动学模型

铺管船在海上作业时受到风、浪、流的联合作用,其受力是动态的,船舶的运动对管线可能产生较大的影响,会改变管线的形状及管线的受力与弯矩状态,在危险工况时管线会发生弯曲。因此,铺管船在海上运动的研究不仅是为了确保船舶能够正常地作业,不至于倾覆,也是保证管线能够正常铺设的前提条件。为了能够实时精确地描述和分析铺管船在海洋环境中的运动情况,本书以船舶运动学与动力学理论为基础,建立一种铺管船在波浪中运动的时域船舶六自由度模型,使得该模型可以用于实时计算船舶在风、浪、流环境下的低速船舶六自由度运动。

3.1　铺管船六自由度模型

船舶运动是在空间和时间上的六自由度运动,船舶数学模型可以分为运动学模型和动力学模型,其中船舶运动学模型表征船舶在三维运动空间不同坐标系间的关系,分析船舶位置、姿态、速度和加速度随时间的变化规律;而船舶动力学模型表征船舶所受到的不同外力与船舶运动间的关系[124-125]。

3.1.1　坐标系的定义

由于牛顿第二定律只有在惯性坐标系下才成立,因此在研究动力学问题时需要选择惯性坐标系,在研究船舶运动时可以选取大地坐标系(NED 坐标系)为惯性坐标系:该坐标系即为常说的北-东-地坐标系 $O_E - x_E y_E z_E$。在船舶所在点做地球的切平面,$O_E x_E$ 轴指向地球北极,$O_E y_E$ 轴指向东方,$O_E z_E$ 轴与 $x_E y_E$ 平面垂直并指向地球内部[126]。

随船坐标系(b-坐标系)采用了 SNAME[127] 的标准定义,其固联于船体,随船一起运动,随船坐标系通常选取船体中心或形心(水线面,$L_{PP}/2$,船中心线),如图 3-1 所示,坐标轴正方向按右手系的规定,即 $O_b x_b$ 轴指向船首为正,$O_b y_b$ 轴指向右舷为正,$O_b z_b$ 轴向下为正。

在随船坐标系下船舶线速度与角速度矩阵为 $\boldsymbol{v} = [\boldsymbol{v}_1, \boldsymbol{v}_2]^T$,其中船舶线速度矩阵表示为 $\boldsymbol{v}_1 = [u, v, w]^T$,船舶角速度矩阵表示为 $\boldsymbol{v}_2 = [p, q, r]^T$;定义惯性坐标系下船舶的位置与姿态角矩阵为 $\boldsymbol{\eta} = [\boldsymbol{p}, \boldsymbol{\theta}]^T$,其中船舶位置矩阵表示为 $\boldsymbol{p} = [x, y, z]^T$,船舶的姿态角矩阵表示为 $\boldsymbol{\theta} = [\varphi, \theta, \psi]^T$;船舶在随船坐标系下受力和力矩矩阵为 $\boldsymbol{\tau}_{RB} = [\boldsymbol{\tau}_{RB_1}, \boldsymbol{\tau}_{RB_2}]^T$,其中船舶受力矩阵为 $\boldsymbol{\tau}_{RB_1} = [X, Y, Z]^T$,船舶力矩矩阵为 $\boldsymbol{\tau}_{RB_2} = [K, M, N]^T$,具体的船舶在不同自由度运动的定义见表 3-1。

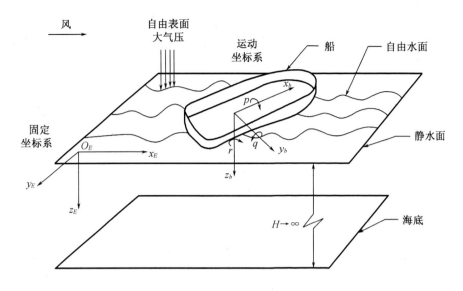

图 3 – 1　坐标系定义

表 3 – 1　六自由度含义对照表

自由度	运动描述	线/角速度 v（b – 坐标系下投影）	b – 坐标系相对于惯性坐标系位姿 $\boldsymbol{\eta}$	作用于该自由度上的力和力矩 $\boldsymbol{\tau}_{RB}$（b – 坐标系下投影）
1	沿 x 轴移动（纵荡/Surge）	u	x	X
2	沿 y 轴移动（横荡/Sway）	v	y	Y
3	沿 z 轴移动（垂荡/Heave）	w	z	Z
4	绕 x 轴转动（横摇/Roll）	p	φ	K
5	绕 y 轴转动（纵摇/Pitch）	q	θ	M
6	绕 z 轴转动（回转/Yaw）	r	ψ	N

3.1.2　船舶运动学模型

通用的坐标系转换关系可以表示为

$$\boldsymbol{v}^{\text{to}} = \boldsymbol{R}_{\text{from}}^{\text{to}} \boldsymbol{v}^{\text{from}} \tag{3 – 1}$$

由此,船舶从随船坐标系下转换到惯性坐标系下可以表示为

$$\boldsymbol{v}_{1o}^{n} = \boldsymbol{R}_{b}^{n}(\boldsymbol{\theta}_{nb}) \boldsymbol{v}_{1o}^{b} \tag{3 – 2}$$

其中,$\boldsymbol{R}_{b}^{n}(\boldsymbol{\theta}_{nb})$ 是以欧拉角 $\boldsymbol{\theta}_{nb} = [\varphi, \theta, \psi]^{\text{T}}$ 为参数的旋转矩阵,且

$$\boldsymbol{R}_{b}^{n}(\boldsymbol{\theta}_{nb}) = \boldsymbol{R}_{z,\psi} \boldsymbol{R}_{y,\theta} \boldsymbol{R}_{x,\varphi} \tag{3 – 3}$$

$$R_{z,\psi} = \begin{bmatrix} c\psi & -s\psi & 0 \\ s\psi & c\psi & 0 \\ 0 & 0 & 1 \end{bmatrix}, R_{y,\theta} = \begin{bmatrix} c\theta & 0 & s\theta \\ 0 & 1 & 0 \\ -s\theta & 0 & c\theta \end{bmatrix}, R_{x,\varphi} = \begin{bmatrix} 1 & 0 & 0 \\ 0 & c\varphi & -s\varphi \\ 0 & s\varphi & c\varphi \end{bmatrix}$$

由此旋转矩阵 $R_b^n(\theta_{nb})$ 可表示为

$$R_b^n(\theta_{nb}) = \begin{bmatrix} c\psi c\theta & -s\psi c\varphi + c\psi s\theta s\varphi & s\psi c\varphi + c\psi c\varphi s\theta \\ s\psi c\theta & c\psi c\varphi + s\varphi s\theta s\psi & -c\psi s\varphi + s\theta s\psi c\varphi \\ -s\theta & c\theta s\varphi & c\theta c\varphi \end{bmatrix} \tag{3-4}$$

式中, $s = \sin$; $c = \cos$; v_{1o}^b 代表船舶线速度在随船坐标系下的投影。

同理,如果随船坐标系下的角速度分量 $v_{2nb}^b = [p,q,r]^T$ 和惯性坐标系下的欧拉角速度分量 $\dot{\theta} = [\dot{\varphi}, \dot{\theta}, \dot{\psi}]^T$,则转换公式可以表示为

$$\dot{\theta} = T_\theta(\theta_{nb}) v_{2nb}^b \tag{3-5}$$

其中旋转矩阵表示为

$$T_\theta(\theta_{nb}) = \begin{bmatrix} 1 & s\varphi t\theta & c\varphi t\theta \\ 0 & c\varphi & -s\varphi \\ 0 & s\varphi/c\theta & c\varphi/c\theta \end{bmatrix} \tag{3-6}$$

式中, $t = \tan$。

综合式(3-4)和式(3-6)得到船舶六自由度的运动学方程为

$$\dot{\eta} = J(\eta)v$$
$$\Updownarrow$$
$$\begin{bmatrix} \dot{p}_{b/n}^n \\ \dot{\theta}_{nb} \end{bmatrix} = \begin{bmatrix} R_b^n(\theta_{nb}) & 0_{3\times3} \\ 0_{3\times3} & T_\theta(\theta_{nb}) \end{bmatrix} \begin{bmatrix} v_{1b/n}^b \\ v_{2b/n}^b \end{bmatrix} \tag{3-7}$$

如果将式(3-7)展开则可以表示为

$$\begin{bmatrix} \dot{x} \\ \dot{y} \\ \dot{z} \\ \dot{\varphi} \\ \dot{\theta} \\ \dot{\psi} \end{bmatrix} = \begin{bmatrix} c\psi c\theta & -s\psi c\varphi + c\psi s\theta s\varphi & s\psi c\varphi + c\psi c\varphi s\theta & 0 & 0 & 0 \\ s\psi c\theta & c\psi c\varphi + s\varphi s\theta s\psi & -c\psi s\varphi + s\theta s\psi c\varphi & 0 & 0 & 0 \\ -s\theta & c\theta s\varphi & c\theta c\varphi & 0 & 0 & 0 \\ 0 & 0 & 0 & 1 & s\varphi t\theta & c\varphi t\theta \\ 0 & 0 & 0 & 0 & c\varphi & -s\varphi \\ 0 & 0 & 0 & 0 & s\varphi/c\theta & c\varphi/c\theta \end{bmatrix} \begin{bmatrix} u \\ v \\ w \\ p \\ q \\ r \end{bmatrix} \tag{3-8}$$

在随船坐标系中,假设托管架端部的坐标为 $P(x',y',z')$,则托管架的线位移在固定坐标系中的分量可由六个自由度运动推导出:

$$\begin{bmatrix} x_p \\ y_p \\ z_p \end{bmatrix} = \begin{bmatrix} x \\ y \\ z \end{bmatrix} + \begin{bmatrix} 0 & -\psi & \theta \\ \psi & 0 & -\varphi \\ -\theta & \varphi & 0 \end{bmatrix} \begin{bmatrix} x' \\ y' \\ z' \end{bmatrix} \tag{3-9}$$

该点相应的速度和加速度可由位移对时间的微分得到。

3.1.3 船舶动力学模型

本书从刚体基本运动学与动力学理论出发,建立向量形式的船舶六自由度动力学模型,刚体动力学模型表示为[35]

$$M_{RB}\dot{v} + C_{RB}(v)v = \tau_{RB} \tag{3-10}$$

式中,M_{RB} 为刚体质量矩阵;C_{RB} 为刚体科里奥利项和向心力矩阵。

设海流速度向量在 b – 坐标系中表示为 v_c,则相对流速可以表示为 $v_r = v - v_c$。

由此可以得到最终的船舶动力学模型为

$$\underbrace{M_{RB}\dot{v} + C_{RB}(v)v}_{rigid-body\ forces} + \underbrace{M_A\dot{v}_r + C_A(v_r)v_r + D(v_r)v_r}_{hydrodynamic\ forces} + \underbrace{\mu}_{hydrostatic\ forces} + \tau_s$$

$$= \tau_{\text{wind}} + \tau_{\text{wave}} + \tau_{\text{current}} + \tau_{\text{control}} \tag{3-11}$$

式(3-11)的船舶运动模型解算流程如图 3-2 所示,根据接收到的初始参数如海况(波浪周期、有义波高)、风速与风向、推进器的指令,分别计算船舶在不同航速、不同航向时所受到的水动力,波浪力,风作用力,推进器的推力,经过模型解算从而得到船舶的六自由度位姿、速度与加速度。其中在计算船舶水动力时,主要应用第 2 章的辨识方法得到船舶辐射力,并结合经验公式计算流体的阻尼力;对于波浪力的计算,为了能够得到更加准确的结果并且满足实时计算的条件,预先离线计算出船舶所受到的一阶波浪激振力与二阶波浪漂移力,利用多维插值法,得到船舶在不同浪向、不同航速、不同频率下所受到的波浪力,从而解决波浪力计算缓慢与不准确的缺点;风作用力与海流作用力分别采用离散的风洞试验数据采用二次插值法进行拟合计算;推进器的推力根据敞水推力特性数据进行回归计算。具体的计算方法如下。

模型整体求解采用四阶龙格库塔法求解。

(1)其中 $M = M_{RB} + M_A$,M_{RB} 为广义惯性矩阵,可以分别表示为

$$M_{RB} = \begin{bmatrix} mI_{3\times3} & -mS(r_g^b) \\ mS(r_g^b) & I_b \end{bmatrix}$$

$$= \begin{bmatrix} M & 0 & 0 & 0 & MZ_{GC} & -MY_{GC} \\ 0 & M & 0 & -MZ_{GC} & 0 & -MX_{GC} \\ 0 & 0 & M & MY_{GC} & -MX_{GC} & 0 \\ 0 & -MZ_{GC} & MY_{GC} & I_{44} & I_{45} & I_{46} \\ MZ_{GC} & 0 & -MX_{GC} & I_{54} & I_{55} & I_{56} \\ -MY_{GC} & MX_{GC} & 0 & I_{64} & I_{65} & I_{66} \end{bmatrix}$$

式中,M 为船舶的质量,X_{GC},Y_{GC},Z_{GC} 为计算点 $(X_{cal},Y_{cal},Z_{cal})$ 到重心 (X_G,Y_G,Z_G) 的距离,有

$$X_{GC} = X_G - X_{cal}$$
$$Y_{GC} = Y_G - Y_{cal} \tag{3-12}$$
$$Z_{GC} = Z_G - Z_{cal}$$

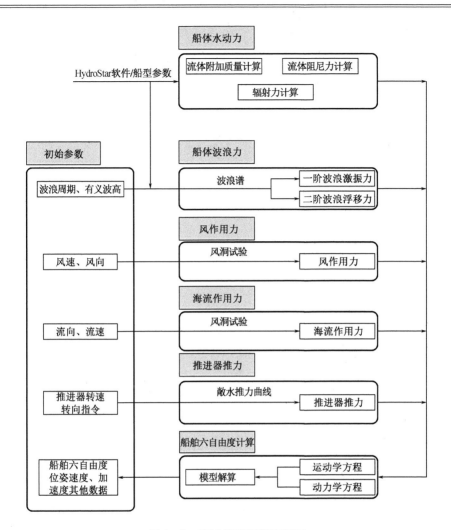

图3-2　运动模型解算流程图

I_{44}, I_{55}, I_{66} 分别为关于 x, y, z 轴的惯性矩；$I_{45} = I_{54}, I_{46} = I_{64}, I_{56} = I_{65}$ 为惯性积，可以表示为

$$I_{44} = \int_M \left[(y - Y_{cal})^2 + (z - Z_{cal})^2 \right] \mathrm{d}m = M(R_{44}^2 + Z_{GC}^2 + Y_{GC}^2)$$

$$I_{55} = \int_M \left[(z - Z_{cal})^2 + (x - X_{cal})^2 \right] \mathrm{d}m = M(R_{55}^2 + Z_{GC}^2 + X_{GC}^2)$$

$$I_{66} = \int_M \left[(x - X_{cal})^2 + (y - Y_{cal})^2 \right] \mathrm{d}m = M(R_{66}^2 + Y_{GC}^2 + X_{GC}^2)$$

$$I_{45} = I_{54} = - \int_M (x - X_{cal})(y - Y_{cal}) \mathrm{d}m = M(R_{54}^2 + X_{GC} \times Y_{GC})$$

$$I_{46} = I_{64} = - \int_M (x - X_{cal})(z - Z_{cal}) \mathrm{d}m = M(R_{64}^2 + X_{GC} \times Z_{GC})$$

$$I_{56} = I_{65} = - \int_M (y - Y_{cal})(z - Z_{cal}) \mathrm{d}m = M(R_{56}^2 + Y_{GC} \times Z_{GC})$$

$(3-13)$

$M_A = M_A^{\mathrm{T}} > 0$ 为无穷大频率下的附加质量,可以表示为

$$M_A = - \begin{bmatrix} X_{\dot{u}} & X_{\dot{v}} & X_{\dot{w}} & X_{\dot{p}} & X_{\dot{q}} & X_{\dot{r}} \\ Y_{\dot{u}} & Y_{\dot{v}} & Y_{\dot{w}} & Y_{\dot{p}} & Y_{\dot{q}} & Y_{\dot{r}} \\ Z_{\dot{u}} & Z_{\dot{v}} & Z_{\dot{w}} & Z_{\dot{p}} & Z_{\dot{q}} & Z_{\dot{r}} \\ K_{\dot{u}} & K_{\dot{v}} & K_{\dot{w}} & K_{\dot{p}} & K_{\dot{q}} & K_{\dot{r}} \\ M_{\dot{u}} & M_{\dot{v}} & M_{\dot{w}} & M_{\dot{p}} & M_{\dot{q}} & M_{\dot{r}} \\ N_{\dot{u}} & N_{\dot{v}} & N_{\dot{w}} & N_{\dot{p}} & N_{\dot{q}} & N_{\dot{r}} \end{bmatrix} \qquad (3-14)$$

(2)刚体科里奥利项和向心力矩阵 $C_{RB}(v) = -C_{RB}^{\mathrm{T}}(v)$,可以表示为

$$C_{RB}(v) = \begin{bmatrix} \mathbf{0}_{3\times3} & -S(M_{11}v_1 + M_{12}v_2) \\ -S(M_{11}v_1 + M_{12}v_2) & -S(M_{21}v_1 + M_{22}v_2) \end{bmatrix} \qquad (3-15)$$

式中,$v_1 = [u, v, \omega]^{\mathrm{T}}$;$v_2 = [p, q, r]^{\mathrm{T}}$。

$S(\cdot)$ 为矢量相乘算子,可以表示为

$$S(\lambda) = -S^{\mathrm{T}}(\lambda) = \begin{bmatrix} 0 & -\lambda_3 & \lambda_2 \\ \lambda_3 & 0 & -\lambda_1 \\ -\lambda_2 & \lambda_1 & 0 \end{bmatrix}, \quad \lambda = \begin{bmatrix} \lambda_1 \\ \lambda_2 \\ \lambda_3 \end{bmatrix} \qquad (3-16)$$

3.2 静水回复力

水面船舶静水回复力矩 τ_s 取决于船舶的稳心高、重心 CG 和浮心 CB 的位置以及水线面的形状和大小[128]。在此用 A_{wp} 表示水线面面积,$\overline{GM_T}$ 表示纵稳心高,$\overline{GM_L}$ 表示横稳心高,如图 3-3 所示。

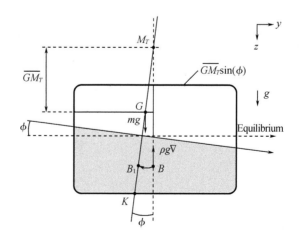

图 3-3 稳心高示意图

根据阿基米德定理,物体在水中受到的浮力等于该物体所排开的水的体积所产生的重力,即

$$mg = \rho g \nabla \tag{3-17}$$

如果假设船舶倾斜是小角度,则

$$\boldsymbol{\tau}_s = \boldsymbol{g}(\boldsymbol{\eta}) \approx \boldsymbol{G}\boldsymbol{\eta} \tag{3-18}$$

如果假设船舶倾斜 φ,θ,z 是小角度,则

$$\int_0^z A_{\text{wp}}(\zeta)\,\mathrm{d}\zeta \approx A_{\text{wp}}(0)z \tag{3-19}$$

且 $\sin\theta \approx \theta, \cos\theta \approx 1, \sin\phi \approx \phi, \cos\phi \approx 1$。由此,式(3-18)可以简化为

$$\boldsymbol{\tau}_s = \boldsymbol{g}(\boldsymbol{\eta}) \approx \begin{bmatrix} -\rho g A_{\text{wp}}(0)z\theta \\ \rho g A_{\text{wp}}(0)z\phi \\ \rho g A_{\text{wp}}(0)z \\ \rho g \nabla \overline{GM_T}\phi \\ \rho g \nabla \overline{GM_L}\theta \\ \rho g \nabla (-\overline{GM_L} + \overline{GM_T})\phi\theta \end{bmatrix} \approx \begin{bmatrix} 0 \\ 0 \\ \rho g A_{\text{wp}}(0)z \\ \rho g \nabla \overline{GM_T}\phi \\ \rho g \nabla \overline{GM_L}\theta \\ 0 \end{bmatrix} \tag{3-20}$$

因此

$$\boldsymbol{G} = \text{diag}\{0,0,\rho g A_{\text{wp}}(0),\rho g \nabla \overline{GM_T},\rho g \nabla \overline{GM_L},0\} \tag{3-21}$$

式(3-21)表示 yz 轴对称的情况,如果不对称,则 $\boldsymbol{G}$ 表示为

$$\boldsymbol{G} = \boldsymbol{G}^{\text{T}} = \begin{bmatrix} 0 & 0 & 0 & 0 & 0 & 0 \\ 0 & 0 & 0 & 0 & 0 & 0 \\ 0 & 0 & -Z_z & 0 & -Z_\theta & 0 \\ 0 & 0 & 0 & -K_\varphi & 0 & 0 \\ 0 & 0 & -M_z & 0 & -M_\theta & 0 \\ 0 & 0 & 0 & 0 & 0 & 0 \end{bmatrix} \tag{3-22}$$

式(3-22)中的矩阵表达式为

$$\begin{cases} Z_z = -\rho_{\text{w}} g A_{\text{wp}} \\ Z_\theta = \rho_{\text{w}} g \iint\limits_{A_{\text{wp}}} x\,\mathrm{d}A \\ M_z = -Z_\theta \\ K_\phi = -\rho_{\text{w}} g \nabla(Z_G - Z_B) - \rho_{\text{w}} g \iint\limits_{A_{\text{wp}}} y^2\,\mathrm{d}A = -\rho_{\text{w}} g V \overline{GM_T} \\ M_\theta = -\rho_{\text{w}} g \nabla(Z_G - Z_B) - \rho_{\text{w}} g \iint\limits_{A_{\text{wp}}} x^2\,\mathrm{d}A = -\rho_{\text{w}} g V \overline{GM_L} \end{cases} \tag{3-23}$$

式中, Z_G 为重心处 Z 向的重力; Z_B 为浮心处 Z 向的浮力; ρ_{w} 为海水密度; g 为重力加速度;

A_{wp} 为水线面面积；∇ 为排水体积；$\overline{GM_T}$ 为横稳心高；$\overline{GM_L}$ 为纵稳心高。

3.3 阻尼力计算

船舶在运动过程中除了受到辐射阻尼外,还受到以下几部分阻尼。

(1)摩擦阻尼:当船舶运动时,由于边界层的存在导致船舶受到摩擦阻尼的作用;

(2)兴波阻尼:船舶运动产生波浪,导致能量耗散从而引起的阻尼;

(3)黏压阻尼:船舶运动产生了漩涡耗散,从而导致能量的流失,该部分能量损失表现为船舶上的黏压阻力;

(4)横摇阻尼:船舶在水面航行时,会在外力及其他因素激励下产生横摇运动,横摇运动是构成船舶安全威胁最为危险的摇荡运动,它会导致船舶倾覆。

当船舶运动速度较低时,作用在船舶上的阻尼可以表示为

$$\boldsymbol{D(v)} = -\begin{bmatrix} X_u + X_{u|u|}|u| & 0 & 0 & 0 & 0 & 0 \\ 0 & Y_v + Y_{v|v|}|v| & 0 & 0 & 0 & 0 \\ 0 & 0 & Z_w + Z_{w|w|}|w| & 0 & 0 & 0 \\ 0 & 0 & 0 & K_p + K_{p|p|}|p| & 0 & 0 \\ 0 & 0 & 0 & 0 & M_q + M_{q|q|}|q| & 0 \\ 0 & 0 & 0 & 0 & 0 & N_r + N_{r|r|}|r| \end{bmatrix}$$

$$(3-24)$$

3.4 流体记忆效应力

根据船舶的运动特点及其对称性,船舶在波浪中的流体记忆效应力 $\boldsymbol{\mu}$ 可以表示为

$$\begin{cases} \mu(1) = -\int_{-\infty}^{t} K_{11}(t-\tau)u\mathrm{d}\tau \\ \mu(2) = -\int_{-\infty}^{t} [K_{22}(t-\tau)v + K_{24}(t-\tau)\dot{\varphi} + K_{26}(t-\tau)\dot{\psi}]\mathrm{d}\tau \\ \mu(3) = -\int_{-\infty}^{t} [K_{33}(t-\tau)w + K_{35}(t-\tau)\dot{\theta}]\mathrm{d}\tau \\ \mu(4) = -\int_{-\infty}^{t} [K_{44}(t-\tau)\dot{\varphi} + K_{42}(t-\tau)v + K_{46}(t-\tau)\dot{\psi}]\mathrm{d}\tau \\ \mu(5) = -\int_{-\infty}^{t} [K_{55}(t-\tau)\dot{\theta} + K_{53}(t-\tau)w]\mathrm{d}\tau \\ \mu(6) = -\int_{-\infty}^{t} [K_{66}(t-\tau)\dot{\psi} + K_{62}(t-\tau)v + K_{64}(t-\tau)\dot{\varphi}]\mathrm{d}\tau \end{cases} \qquad (3-25)$$

式(3-25)的实时计算方法已经在第2章具体讲述。流体记忆效应力是基于船舶在平

衡位置附近做微幅振荡运动提出的,因此在其应用于船舶在波浪中的操纵运动时,对于纵荡、横荡和艏摇三个没有回复力的运动方向,在对时延函数做卷积分时,需要扣除速度中的平均速度。

3.5　波浪模型

3.5.1　波浪等级

Lee 等[129]在 1985 年对大西洋和北太平洋海况的统计给出了有义波高 $H_{1/3}$、谱峰周期 T_0 和维持风速 V_{wind} 之间的对应数值及可能出现海况的概率,见表 3 – 2。

表 3 – 2　海况等级定义

浪级	有义波高/m		维持风速/(m·s⁻¹)		北半球		
					各浪级概率/%	谱峰周期/s	
	范围	平均值	范围	平均值		范围	最可能值
0,1	0.00 ~ 0.10	0.05	0 ~ 3	1.5	1		
2	0.10 ~ 0.50	0.3	3 ~ 5	4	6.6	4.2 ~ 13.8	6.9
3	0.50 ~ 1.25	0.88	5 ~ 8	6.5	19.6	5.1 ~ 15.4	7.5
4	1.25 ~ 2.50	1.88	8 ~ 10	9	29.7	6.1 ~ 16.2	8.8
5	2.50 ~ 4.00	3.25	10 ~ 13	11.5	20.79	7.2 ~ 16.6	9.7
6	4.00 ~ 6.00	5	13 ~ 22	17.5	14.09	9.9 ~ 17.4	12.4
7	6.00 ~ 9.00	7.5	22 ~ 26	24	6.82	11.7 ~ 19.2	15
8	9.00 ~ 14.00	11.5	26 ~ 30	28	1.34	14.4 ~ 20.0	16.4
9	≥14.00	>14.00	≥30	>30.0	0.06	17.2 ~ 23.1	20

3.5.2　三维海浪数值模拟

船舶在海上航行,波浪是作用在船舶上的主要环境外力。为了分析波浪对船体的响应,预报波浪运动,需要对波浪进行数值模拟[130]。

1. 海浪谱研究

利用谱分析法预报船舶在不规则波中的性能,首先需要对航行海区的风浪谱密度估算。近年来,海洋工作者根据大量的海上观测和理论计算得到了很多海浪谱的表达式,如常用的 Bretschneitder 谱、Pierson – Moskowitz 谱、ITTC 参数谱、JONSWAP 谱、Torsethaugen 谱等。

本书以 ITTC 和 ISSC 先后推荐的双参数谱为例进行研究[131 - 132]:

$$S(\omega) = \frac{173H_{1/3}^2}{T_1^4 \omega^5} \exp\left(-\frac{691}{T_1^4 \omega^4}\right) \tag{3 – 26}$$

式中　$H_{1/3}$ ——三分之一有义波高;

　　　T_1 ——谱心周期,它与目测的平均周期比较接近,在海浪谱中也可以用谱峰周期表示,它与谱心周期的关系为 $T_0 = 1.2965T_1$;

　　　ω ——角频率。

图 3 - 4 为在 3 级海况($H_{1/3} = 0.88$ m, $T_0 = 7.5$ s)、4 级海况($H_{1/3} = 1.88$ m, $T_0 = 8.8$ s)、5 级海况($H_{1/3} = 3.25$ m, $T_0 = 9.7$ s)时,ITTC 双参数谱形。

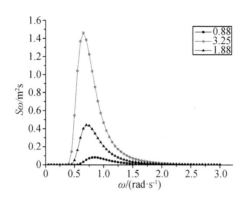

图 3 - 4　ITTC 双参数谱形图

由于 ITTC 双参数谱是一维的,而实际海浪是三维的,能量是分布在广阔的频率和方向的范围内,为了能够表征海浪是与方向有关的,ITTC 建议采用方向谱函数,其形式为

$$D(\theta) = \frac{2}{\pi}\cos^2\left(\frac{\theta}{2}\right), \quad |\theta| \leqslant \frac{\pi}{2} \tag{3 - 27}$$

如果把波浪能量的频率分布与方向分布看成是无关的、线性的,可以用海浪谱函数与方向谱函数的乘积表示海浪的能量分布:

$$S(\omega,\theta) = S(\omega)D(\theta) = \frac{173H_{1/3}^2}{T_1^4\omega^5}\exp\left(-\frac{691}{T_1^4\omega^4}\right) \cdot \frac{2}{\pi}\cos^2\left(\frac{\theta}{2}\right) \tag{3 - 28}$$

如图 3 - 5 所示,为含有方向谱函数,海况 3 级时的能量分布情况。

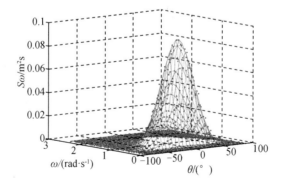

图 3 - 5　三级海况能量分布图

2. 三维不规则波浪模型

自然界中实际海面上的波浪是极其不规则的,在时域和空间上具有不规则性和不重复性,每一个波的波高、波长和周期都是随机变化的,因此不能用规则波的固定表达式准确描述。为了便于问题的讨论,我们将波浪看作为由许多不同波长、不同振幅和随机相位的单元波叠加而成的。考虑到相位的随机性,不规则波波面升高的数学表达式可以写成[133]

$$\zeta(x,y,t) = \sum_{i=1}^{n} \sum_{j=1}^{m} A_{i,j}\cos(k_i x\cos\theta_j + k_i y\sin\theta_j - \omega_i t + \varphi) \qquad (3-29)$$

如果时间 t 保持不变,由式(3-29)可以看出,波形可以被看成位置坐标 x,y 的函数,$k_i x$, $k_i y$ 每增加 2π 海面升高 ζ 保持不变,其间的距离为一个波长 λ ,因此可以写成

$$k = \frac{2\pi}{\lambda} \qquad (3-30)$$

如果位置 x , y 固定不变,由式(3-29)可以看出,波形可以被看成时间 t 的函数,$\omega_i t$ 每增加 2π ,海面升高 ζ 保持不变,波形传递一个波长所需的时间为波浪周期 T ,则有

$$T = \frac{2\pi}{\omega} \qquad (3-31)$$

式(3-29)中 $A_{i,j}$ 可以表示为

$$A_{i,j} = \sqrt{2S(\omega_i)D(\theta_j)\Delta\omega\Delta\theta} \qquad (3-32)$$

式中,$S(\omega_i)$ 为波浪谱;$D(\theta_j)$ 为方向谱。

在采用频率等分法时,将频率分为 n 份,角频率 ω_i 可以表示为

$$\omega_i = \omega_{min} + (i-1)\Delta\omega, \quad i = 1,2,\cdots,m \qquad (3-33)$$

每份大小为

$$\Delta\omega = (\omega_{max} - \omega_{min})/m \qquad (3-34)$$

ω_{max},ω_{min} 的选取关系是波浪模拟的关键,如果一味地增大频率区间,则会影响计算的速度,如果频率区间过小,则会影响计算精度,需要根据能量的分布选择频率分布区间。

方向角 θ_j 表示单个波的传播方向与坐标轴的夹角,理论上 θ 可在 $0 \sim 2\pi$ 选取,但实际的波浪能量多分布在主传播方向两侧 $\pi/2$ 的范围内,因此只需要模拟 $\left[\theta - \frac{\pi}{2}, \theta + \frac{\pi}{2}\right]$ 之间的方向角即可,θ 为波浪主传播方向。采用等分法,将方向划分为 n 个方向,方向角 θ_j 可以表示为

$$\theta_j = \theta - \frac{\pi}{2} + (j-1)\Delta\theta \qquad (3-35)$$

$$\Delta\theta = \frac{\pi}{n} \qquad (3-36)$$

下面以 3 级海况、4 级海况、5 级海况为例进行数值仿真。

(1)3 级海况时,取三分之一有义波高 $H_{1/3} = 0.88$ m,谱峰周期 $T_0 = 7.5$ s,频率份数 n 划分为 50 份,方向份数 m 划分为 40 份,根据图 3-4 选取 $\omega_{min} = 0.5$ rad/s , $\omega_{max} = 1.5$ rad/s,主方向 $\theta = 0°$,$t = 0$ s 时,如图 3-6 所示。

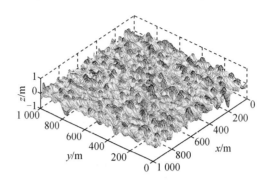

图 3 - 6　3 级海况波形(t = 0 s)

(2)4 级海况时,取三分之一有义波高 $H_{1/3}$ = 1.88 m,谱峰周期 T_0 = 8.8 s,频率份数 n 划分为 50 份,方向份数 m 划分为 40 份,根据图 3 - 4 选取 ω_{min} = 0.5 rad/s, ω_{max} = 1.5 rad/s,主方向 θ = 30°, t = 0 s 时,如图 3 - 7 所示。

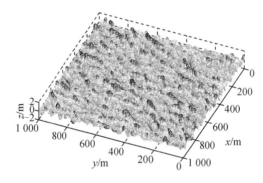

图 3 - 7　4 级海况波形(t = 0 s)

(3)5 级海况时,取三分之一有义波高 $H_{1/3}$ = 3.25 m,谱峰周期 T_0 = 9.7 s,频率份数 n 划分为 60 份,方向份数 m 划分为 50 份,根据图 3 - 4 选取 ω_{min} = 0.3 rad/s, ω_{max} = 2.0 rad/s,主方向 θ = 30°, t = 0 s 时,如图 3 - 8 所示。

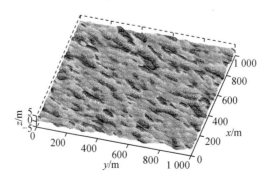

图 3 - 8　5 级海况波形(t = 0 s)

(4)5 级海况时,取三分之一有义波高 $H_{1/3} = 3.25\ \mathrm{m}$,谱峰周期 $T_0 = 9.7\ \mathrm{s}$,频率份数 n 划分为 60 份,方向份数 m 划分为 50 份,根据图 3-4 选取 $\omega_{\min} = 0.3\ \mathrm{rad/s}$,$\omega_{\max} = 2.0\ \mathrm{rad/s}$,主方向 $\theta = 30°$,$t = 5\ 000\ \mathrm{s}$ 时,如图 3-9 所示。

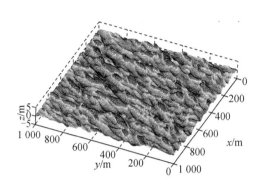

图 3-9　5 级海况波形(t = 0 s)

3.5.3　波浪力计算

波浪力为一种复杂的干扰力,一般可以将波浪力分为一阶波浪力和二阶波浪力。一阶波浪力与波高呈线性关系,可以分为辐射力(已在第 2 章进行计算)和波浪绕射力 τ_{wave1}。二阶波浪力又称为波浪漂移力 τ_{wave2},与波高的平方成正比。

1. 基于波浪力响应算子计算

谐波 $\zeta(t)$ 与波浪力 τ_{wave1}^i 具有如下的复变函数关系:

$$\zeta(t) = \Re\{\tilde{\zeta}\mathrm{e}^{\mathrm{j}\omega_e t}\} = \Re\{\bar{\zeta}\mathrm{e}^{\mathrm{j}\varepsilon}\mathrm{e}^{\mathrm{j}w_e t}\}$$
$$\tau_{\mathrm{wave1}}^i(t) = \Re\{\tilde{\tau}_{\mathrm{wave1}}^i \mathrm{e}^{\mathrm{j}\omega_e t}\} = \Re\{|\tilde{\tau}_{\mathrm{wave1}}^i|\mathrm{e}^{\mathrm{j}(\arg\tilde{\tau}_{\mathrm{wave1}}^i + \varepsilon)}\mathrm{e}^{\mathrm{j}w_e t}\} \tag{3-37}$$

式中,$\Re\{\cdot\}$ 表示取自变量的实部;ω_e 为遭遇频率。

由此得到频域下的波浪力响应算子:

$$F_i(\omega_e, \chi) = \left|\frac{\tilde{\tau}_{\mathrm{wave1}}^i(\omega_e, \chi)}{\tilde{\zeta}}\right|\mathrm{e}^{\mathrm{j}\arg\tilde{\tau}_{\mathrm{wave1}}^i(\omega_e, \chi)} \tag{3-38}$$

或者

$$F_i(\omega, U, \chi) = \left|\frac{\tilde{\tau}_{\mathrm{wave1}}^i(\omega, U, \chi)}{\tilde{\zeta}}\right|\mathrm{e}^{\mathrm{j}\arg\tilde{\tau}_{\mathrm{wave1}}^i(\omega, U, \chi)} \tag{3-39}$$

如果将振幅操纵响应的波浪力的虚部和实部矩阵形式分别表示为 $\mathrm{Im}_{\mathrm{wave1}}\{dof\}(k,i)$ 和 $\mathrm{Re}_{\mathrm{wave1}}\{dof\}(k,i)$,不同波浪方向 β_i 和波浪频率 ω_k 的一阶波浪力的振幅和相位可以通过如下公式来计算:

$$\begin{cases} |F_{\mathrm{wave1}}^{\{dof\}}(\omega_k, \beta_j)| = \sqrt{\mathrm{Im}_{\mathrm{wave1}}\{dof\}(k,i)^2 + \mathrm{Re}_{\mathrm{wave1}}\{dof\}(k,i)^2} \\ \angle F_{\mathrm{wave1}}^{\{dof\}}(\omega_k, \beta_j) = atan2(\mathrm{Im}_{\mathrm{wave1}}\{dof\}(k,i), \mathrm{Re}_{\mathrm{wave1}}\{dof\}(k,i)) \end{cases} \tag{3-40}$$

振幅和相位的二阶力可以表示为

$$\begin{cases} |F_{\text{wave2}}^{\{dof\}}(\omega_k,\beta_j)| = \text{Re}_{\text{wave2}}\{dof\}(k,i) \\ \angle F_{\text{wave2}}^{\{dof\}}(\omega_k,\beta_j) = 0 \end{cases} \tag{3-41}$$

由此得到一阶与二阶波浪力为

$$\begin{cases} \tau_{\text{wave1}}^{dof} = \sum_{k=1}^{N} \rho g |F_{\text{wave1}}^{\{dof\}}(\omega_k,\beta)| A_k \cos(\omega_e(U,\omega_k\beta,)t + \angle F_{\text{wave1}}^{\{dof\}}(\omega_k,\beta) + \varepsilon_k) \\ \tau_{\text{wave2}}^{dof} = \sum_{k=1}^{N} \rho g |F_{\text{wave2}}^{\{dof\}}(\omega_k,\beta)| A_k^2 \cos(\omega_e(U,\omega_k\beta,)t + \varepsilon_k) \end{cases}$$

$$\tag{3-42}$$

其中 ω_e 为遭遇频率,且

$$\omega_e(U,\omega_k,\beta) = \omega_k - \frac{\omega_k^2}{g}U\cos\beta \tag{3-43}$$

2. 基于运动响应算子计算

如果船舶的运动是微幅的,则各因素引起的船舶运动看成是线性叠加的,则波浪力引起的运动直接叠加到船舶运动中。由波浪力引起的船舶运动可以运动响应函数进行表征,并且在随机波中结合波浪谱来计算[134-135]:

$$\eta_w^{\{dof\}} = \sum_{k=1}^{N} \sum_{i=1}^{M} |\eta_w^{\{dof\}}(\omega_k,\beta_i)| A_k \cos(\omega_e(U,\omega_k,\beta_i)t + \angle \eta_w^{\{dof\}}(\omega_k,\beta_i) + \varepsilon_k) \tag{3-44}$$

$|\eta_w^{\{dof\}}(\omega_k,\beta_i)|$ 和 $\angle \eta_w^{\{dof\}}(\omega_k,\beta_i)$ 是不同波浪方向 β_i 和波浪频率 ω_k 的振幅操纵运动响应的振幅和相位。如图3-10至图3-19为"海洋石油201"号船各个浪向下的运动响应函数,经过与船模试验对比验证可知,计算的结果与船舶试验的结果在各个自由度下基本吻合。

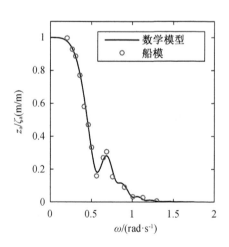

图3-10 顶浪规则波中垂荡运动响应函数对比

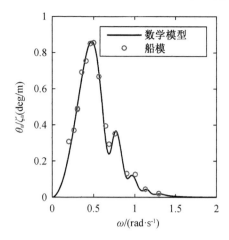

图 3 – 11　顶浪规则波中纵摇运动响应函数对比

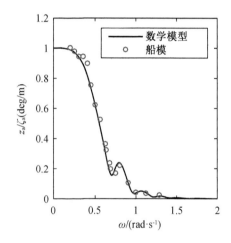

图 3 – 12　135°规则波垂荡运动响应函数对比

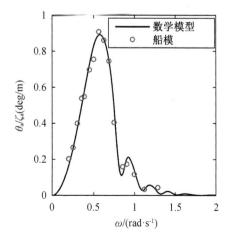

图 3 – 13　135°规则波纵摇运动响应函数对比

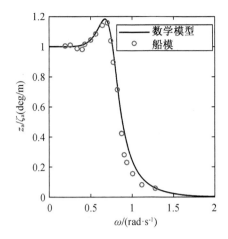

图 3 – 14　横浪规则波中垂荡运动响应函数

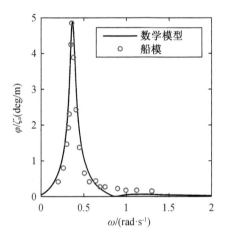

图 3 – 15　横浪规则波中横摇运动响应函数

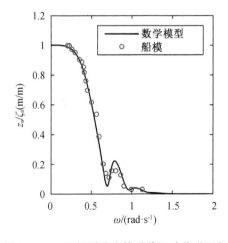

图 3 – 16　45°规则波中的垂荡运动传递函数

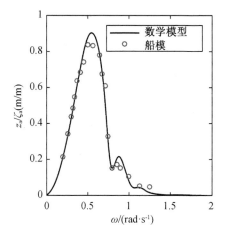

图 3 – 17　45°规则波中的纵摇运动传递函数

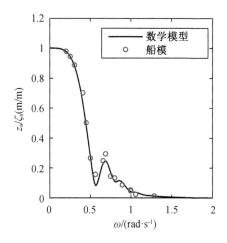

图 3 – 18　顺浪规则波中的垂荡运动传递函数

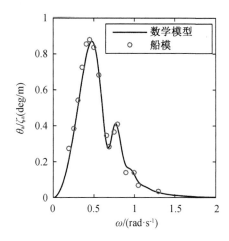

图 3 – 19　顺浪规则波中的纵摇运动传递函数

3.6 海风模型

3.6.1 相对风速和绝对风速定义

假定海面上风速用 U_T 表示,风向用 Ψ_T 表示。风速 U_T 和风向 Ψ_T 都是相对大地固定坐标系而言的,也称为绝对风速和绝对风向。绝对风向的风向规定北风为 0°,东风为 90°,依次类推 Ψ_T 的变化范围为 0°~360°。相对于随船坐标系的风速和风向,称为相对风速和相对风向。相对风速表示为 U_R,相对风向角(也称风舷角)表示为 α_R,规定风自左舷吹来为正,取值范围为 [-180°,180°]。绝对风和相对风关系图如图 3-20 所示。

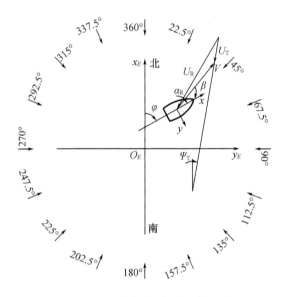

图 3-20 绝对风和相对风关系图

绝对风速 U_T、船速 V 及相对风速 U_R 三者之间的关系可以表示为

$$\vec{U}_R = \vec{U}_T - \vec{V} \tag{3-45}$$

将上式展开投影到随船坐标系上有

$$
\begin{aligned}
u_R &= -u - U_T\cos(\Psi_T - \varphi) \\
v_R &= -v - U_T\sin(\Psi_T - \varphi)
\end{aligned}
\tag{3-46}
$$

式中, u_R、v_R 为 U_R 在随船坐标系 x、y 轴上的两个分量,$U_R^2 = u_R^2 + v_R^2$。

在随船坐标系中规定风自船舶左舷吹来时风舷角 α_R 为正,则风舷角可以表示为

$$
\begin{cases}
\alpha_R = \arctan\left(-\dfrac{v_R}{u_R}\right) + \text{sgn}(\pi, v_R) & u_R > 0 \\[2ex]
\alpha_R = \arctan\left(-\dfrac{v_R}{u_R}\right) & u_R < 0
\end{cases}
\tag{3-47}
$$

3.6.2 风力及力矩计算

计算风力的方法可以根据经验公式和风洞实验进行计算,风洞实验更加具有针对性和准确性,本书采用风洞实验数据进行计算[136]。

作用于船体风的作用力及力矩的表达式可以表示为

$$
\begin{cases}
X_{\text{wind}} = 0.5\rho_a A_f U_R^2 C_{wx}(\alpha_R) \\
Y_{\text{wind}} = 0.5\rho_a A_s U_R^2 C_{wy}(\alpha_R) \\
N_{\text{wind}} = 0.5\rho_a A_s L_{OA} U_R^2 C_{wn}(\alpha_R)
\end{cases}
\tag{3-48}
$$

式中,$\rho_a = 1.204 \text{ kg/m}^3$ 为空气密度;L_{OA} 为船舶总长;A_f、A_s 分别为船舶水上部分的正投影面积和侧投影面积;$C_{wx}(\alpha_R)$、$C_{wy}(\alpha_R)$、$C_{wn}(\alpha_R)$ 分别为 x,y 方向的风压力系数及绕 z 轴的风压力矩系数,可以根据风洞实验得到离散的数据,需要利用二次样条插值得到连续的数据;H_{LM} 为相对船高,其计算公式为 $H_{LM} = A_s/L_{OA}$。

3.7 海流模型

3.7.1 海流方向定义

流向与风向的定义恰恰相反,风向指风吹来的方向,流向指海水流去的方向,顺时针为正。定义为海水向北流动记为 0°,向东流动则为 90°,向南流动为 180°,向西流动为 270°,如图 3-21 所示。

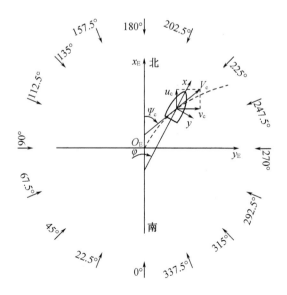

图 3-21 海流方向定义

设初始流速为 V_c ,初始流向为 ψ_c ,则海流在固定坐标系中的速度分量可以表示为

$$
\begin{cases}
u_c^E = V_c \cos \psi_c \\
v_c^E = V_c \sin \psi_c
\end{cases}
\tag{3-49}
$$

设随船坐标系下航速为 $\boldsymbol{V} = [u,v]^T$,艏向角为 φ ,将上式展开投影到随船坐标系上:

$$
\begin{aligned}
\begin{bmatrix} u_c \\ v_c \end{bmatrix}
&= \begin{bmatrix} u \\ v \end{bmatrix} - \begin{bmatrix} \cos \varphi & \sin \varphi \\ -\sin \varphi & \cos \varphi \end{bmatrix} \begin{bmatrix} u_c^E \\ v_c^E \end{bmatrix} \\
&= \begin{bmatrix} u \\ v \end{bmatrix} - \begin{bmatrix} \cos \varphi & \sin \varphi \\ -\sin \varphi & \cos \varphi \end{bmatrix} \begin{bmatrix} V_c \cos \psi_c \\ V_c \sin \psi_c \end{bmatrix} \\
&= \begin{bmatrix} u \\ v \end{bmatrix} - \begin{bmatrix} V_c \cos(\psi_c - \varphi) \\ V_c \sin(\psi_c - \varphi) \end{bmatrix}
\end{aligned}
\tag{3-50}
$$

3.7.2　海流力计算

作用于船体海流力及力矩的表达式可以表示为

$$
\begin{cases}
X_c = 0.5\rho U_c^2 A_c^f C_{cx}(\beta) \\
Y_c = 0.5\rho U_c^2 A_c^s C_{cy}(\beta) \\
X_c = 0.5\rho U_c^2 A_c^s L_{OA} C_{cn}(\beta)
\end{cases}
\tag{3-51}
$$

式中, $\rho = 1.025 \times 10^3$ 为海水密度; L_{OA} 为船舶总长; A_c^f 、 A_c^s 分别为船舶水下部分的正投影面积和侧投影面积; $C_{cx}(\beta)$ 、 $C_{cy}(\beta)$ 、 $C_{cn}(\beta)$ 分别为 x,y 方向的海流力系数及绕 z 轴的海流力矩系数,根据风洞实验得到离散数据,需要利用二次样条插值得到连续的数据; β 为随船坐标系下海流角度,沿着 x 向为 $0°$,顺时针为正,范围为 $[0°, 360°)$ 。

3.8　吊舱推进器推力模型

对于航行在海面上的船舶,标准的推力包括舵与螺旋桨产生的力和力矩:
在纵荡、横荡、横摇与艏摇方向下的标准舵力(矩)可以表达为

$$
\begin{cases}
X_R = -F_N \sin \delta \\
Y_R = -(1 + a_H) x_H F_N \cos \delta \\
K_R = -(1 + a_H) z_R F_N \cos \delta \\
N_R = -(1 + a_H) x_R F_N \cos \delta
\end{cases}
\tag{3-52}
$$

式中, F_N 为舵的法向力; a_H 为舵与船体间的相互作用系数; x_H 表示舵与船体之间相互作用力中心的纵向坐标, x_R 与 z_R 分别为舵的压力中心的纵向坐标与垂向坐标。

相同的,在纵荡、横荡、艏摇方向下的标准螺旋桨力(矩)可以表达为

$$\begin{cases} X_{\mathrm{P}} = (1 - t_{\mathrm{P}})\rho n^2 D_{\mathrm{P}}^4 K_{\mathrm{T}} \\ Y_{\mathrm{P}} = \rho n^2 D_{\mathrm{P}}^4 Y_{\mathrm{P}*} \\ N_{\mathrm{P}} = \rho n^2 D_{\mathrm{P}}^5 N_{\mathrm{P}*} \end{cases} \tag{3-53}$$

式中，t_{P} 为螺旋桨前进时的推力减额；K_{T} 为推力系数；D_{P} 为螺旋桨的直径；n 为螺旋桨的转速；$Y_{\mathrm{P}*}$ 与 $N_{\mathrm{P}*}$ 分别为航速 u 与桨叶螺距 P 的函数。

"海洋石油 201"号船采用的是全回转吊舱推进器，是集合了舵与螺旋桨为一体的功能。本书从敞水推进器试验与经验公式综合考虑建立吊舱推进器推力模型，在推进器回转时，由于吊舱与螺旋桨及其尾流一同旋转，使得吊舱体仍然保持攻角 $\alpha_0 = 0$，并且只能产生与船体前进速度的平方成正比的升力[137]，由此全回转吊舱推进器的力（矩）可以表示为

$$\begin{cases} X_{\mathrm{POD}} = (1 - t_{\mathrm{POD}})T \\ Y_{\mathrm{POD}} = -(1 + \alpha_{\mathrm{HPOD}})H\cos\delta + X_{\mathrm{POD}}\sin\delta \\ K_{\mathrm{POD}} = z_{\mathrm{POD}}Y_{\mathrm{POD}} \\ N_{\mathrm{POD}} = -(1 + \alpha_{\mathrm{HPOD}}(x_{\mathrm{HPOD}}/x_{\mathrm{POD}}))x_{\mathrm{POD}}H\cos\delta - x_{\mathrm{POD}}X_{\mathrm{POD}}\sin\delta \end{cases} \tag{3-54}$$

式中，X_{POD}、Y_{POD}、K_{POD}、N_{POD} 分别代表推进器在纵荡、横荡、横摇与艏摇方向上产生的推力与力矩；t_{POD} 为轴吸系数；α_{HPOD} 为吊舱诱导的侧向力系数；x_{HPOD} 为吊舱与船体侧向力系数作用点的纵向坐标；δ 为吊舱推进器转角；x_{POD} 与 z_{POD} 分别为吊舱压力中心的纵向坐标与垂向坐标；T 为直航时产生的推力

$$T = \rho n^2 D_{\mathrm{POD}}^4 K_{\mathrm{T}} \tag{3-55}$$

H 为推进器的侧向力，可以表示为

$$H = 0.5\rho A_{\mathrm{POD}} U_{\mathrm{POD}}^2 f(\Lambda)\sin\alpha_{\mathrm{HPOD}} \tag{3-56}$$

式中，A_{POD} 为有效舵角面积；U_{POD} 为海流流过有效舵角的速度；$f(\Lambda)$ 为推进器展舷比的函数[138]

$$f(\Lambda) = \frac{6.13\Lambda}{\Lambda + 2.25} \tag{3-57}$$

吊舱诱导的侧向力系数 α_{HPOD} 表示为

$$\alpha_{\mathrm{HPOD}} = aJ_{\mathrm{POD}} + b \tag{3-58}$$

侧向力系数 α_{HPOD} 需要根据背风面和迎风面情况分别选取[139]：

$$\begin{aligned} \alpha_{\mathrm{HPOD}} &= (0.55\beta_{\mathrm{POD}} + 3.4) - \delta_{\mathrm{POD}} \quad 迎风 \\ \alpha_{\mathrm{HPOD}} &= (0.04\beta_{\mathrm{POD}} - 3.4) - \delta_{\mathrm{POD}} \quad 背风 \end{aligned} \tag{3-59}$$

"海洋石油 201"号船带吊舱的敞水特性曲线如图 3 - 22 所示。

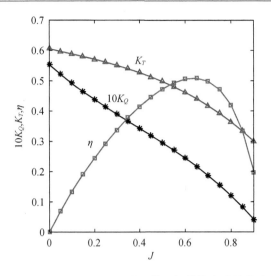

图3-22　"海洋石油201"号带吊舱的敞水特性曲线

3.9　结果分析

3.9.1　铺管船在静水中的运动

如图3-23为铺管船在试航试验中船模试验与运动模型计算结果的对比,从图中可以看出在不同推进器转速的情况下,铺管船航行速度基本以线性情况增长。经过对比可知,在设计航速(11 kn)附近其航行速度基本与模型试验吻合,在相同的推进器转速下,数学模型计算得到的结果比实船速度与船模试验的速度稍小。

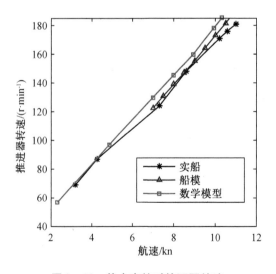

图3-23　静水直航时的不同航速

如表 3 - 3 所示,在船模试验测得推进器转速为 130.9 r/min 时,船模试验航速与数学模型航速的误差最大,为 5.91%;如表 3 - 4 所示,在实船试航试验测得推进器转速为 176 r/min 时,实船试验航速与数学模型航速的误差最大,为 7.22%,总体来说数学模型计算的结果与船模试验及实船试航试验的结果基本吻合,从而校核了模型的准确性。

表 3 - 3　船模试验结果与模型试验结果对比

推进器转速 /(r·min⁻¹)	船模试验航速/kn	数学模型航速 /kn	误差/%
130.9	7.5	7.057	5.91
139	8	7.582	5.22
155.3	9	8.638	4.02
164	9.5	9.159	3.59
173	10	9.645	3.55

表 3 - 4　实船试航试验结果与模型试验结果对比

推进器转速 /(r·min⁻¹)	实船试航试验航速/kn	数学模型航速/kn	误差/%
69	3.203	3.091	3.50
87	4.256	4.228	0.66
124	7.307	6.610	5.07
148	8.601	8.165	5.07
176	10.570	9.807	7.22

为了验证铺管船数学模型的操纵性,从而进行 Z 型操纵试验,对船舶进行如下操作:船舶在全速前进时,快速改变舵角至左 10°,并稳住舵角直至船舶航向角改变达到左 10°,在此改变舵角从左 10°转到右 10°,稳住舵角,直至船舶航向角达到右 10°后将舵角从右 10°转到左 10°,并稳住舵角,直至船舶航向角达到左 10°,舵角从左 10°转到右 10°,直至船舶航向角与试验开始时的航向角一致时,舵角转到正舵。

图 3 - 24 为船舶转舵的时历曲线,经过与实船试航试验对比可知,模型计算的结果在操舵历程上稍滞后于试航试验结果,图 3 - 25 为船舶航向角时历曲线,经过对比可知模型计算的结果与模型试验、实船试航试验的结果基本吻合,从而校核了模型的准确性。

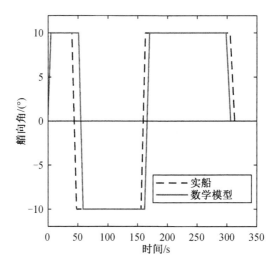

图 3 - 24　船舶转舵时历曲线

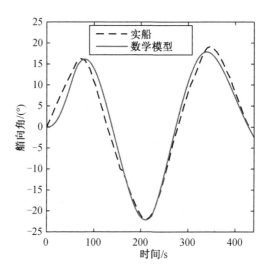

图 3 - 25　船舶航向角时历曲线

3.9.2　铺管船在风浪中的运动

分别取铺管船在推进器转速为 181 r/min 时,在风、浪、流情况下船舶运动状态对比。4 级海况($H_{1/3} = 1.88$ m,$T_s = 8.8$ s),风速为 9 m/s,海流速度为 2 kn,5 级海况($H_{1/3} = 3.25$ m,$T_s = 9.7$ s),风速为 11.5 m/s,海流速度为 2 kn。

图 3 - 26 至图 3 - 27 分别为船舶在 4 级海况下受到右横浪与顶浪的垂荡时历曲线;图 3 - 28 至图 3 - 29 分别为船舶在 5 级海况下受到右横浪与顶浪的垂荡时历曲线。对比可知,在同一海况下,船舶在右横浪时的垂荡幅值大于船舶在顶浪时的垂荡幅值。

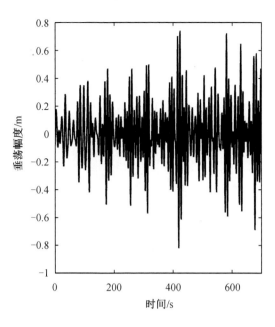

图 3 - 26　4 级海况下右横浪垂荡时历曲线

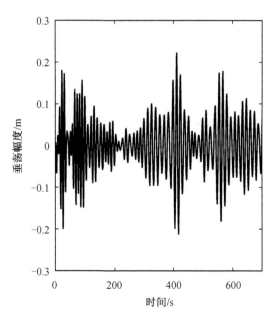

图 3 - 27　4 级海况下顶浪垂荡时历曲线

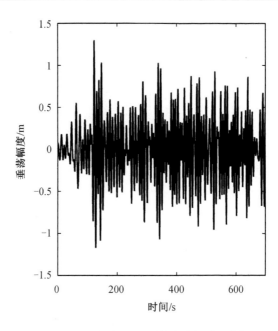

图 3 - 28　5 级海况下右横浪垂荡时历曲线

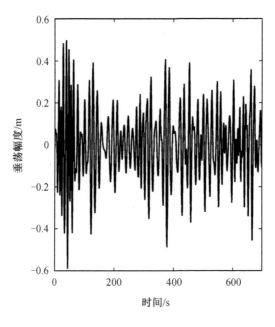

图 3 - 29　5 级海况下顶浪垂荡时历曲线

　　图 3 - 30 至图 3 - 31 为船舶分别在 4 级与 5 级海况下顶浪横摇时历曲线。在 4 级海况下,在顶浪时船舶的最大横摇单幅值为 1.188°。在 5 级海况下,在顶浪时船舶的最大横摇单幅值为 2.543°。

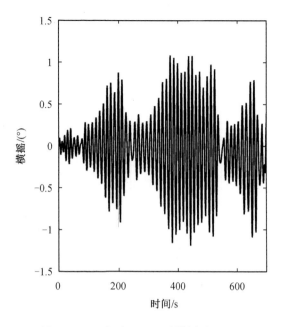

图 3 - 30   4 级海况下顶浪横摇时历曲线

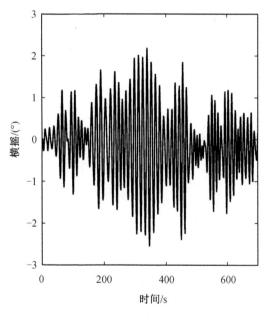

图 3 - 31   5 级海况下顶浪横摇时历曲线

图 3 - 32 至图 3 - 33 为船舶分别在 4 级与 5 级海况下顶浪纵摇时历曲线。在 4 级海况下,在顶浪时船舶的最大纵摇单幅值为 0.201 9°。在 5 级海况下,在顶浪时船舶的最大纵摇单幅值为 0.642 5°。

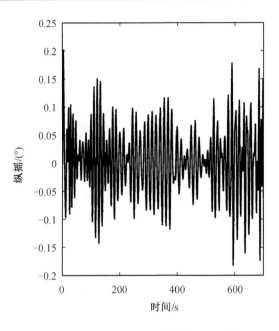

图 3-32　4 级海况下顶浪纵摇时历曲线

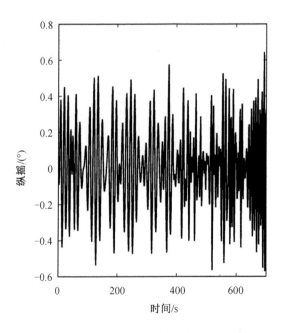

图 3-33　5 级海况下顶浪纵摇时历曲线

第4章　S型铺管多分段模型研究

S型管线形态与受力分析一直是进行S型海底管线铺设的首要问题,由于管线各部分的受力不同影响了管线各部分形态,本书根据S型管线形态特点将管线划分为五个部分,根据各部分的受力特点建立微分方程,利用管线的几何与力学连续等边界条件通过牛顿迭代法求解管线形态与受力。本书既考虑了中间段与边界层段弯矩对管线的影响以及管线与弹性海底的耦合作用,同时也忽略了悬浮段弯矩的次要因素,从而既保证了计算的准确性也保证了计算的快速性。

4.1　管线模型划分

如图4-1所示,S型铺管法中的海洋管线自然悬垂成"S"形,在本书中S型管线被划分为五个部分。

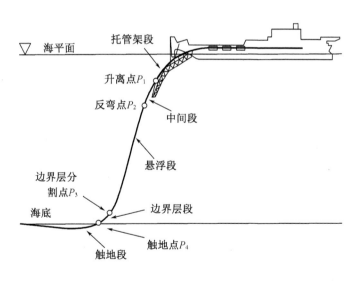

图4-1　S型管线形态示意图

第一部分:托管架段。此部分管线以托管架为依托,与托管架完全接触,在托管架上保持向上弯曲的形态,因此与托管架具有相同的曲率。管线与托管架分离的位置定义为升离点。

第二部分:托管架段和悬浮段之间的部分称为中间段,此段既受到托管架段的弯矩影响也受到悬浮段的弯矩影响,因此这段计算中应当将弯矩的影响考虑在内。

第三部分:管线在托管架段保持向上的弯曲形态,而当管线离开托管架后在管线自重的作用下,逐渐发生向下弯曲,随着水深的增加,管线弯矩逐渐减为 0,此处位置一般被称为反弯点。从反弯点到管线触地点附近称作悬浮段,这部分管线悬浮于水中,受到的弯矩很小,所以表现出明显的自然悬链线的特性。

第四部分:悬浮段以下部分到与触地点接触的部分为边界层段。悬浮段与边界层段交接处的位置定义为边界层分割点。由于海床的土体抗力的影响,边界层段比悬浮段受到的弯矩要大,并且表现出梁的特性,因此这段计算中应考虑到弯矩的影响。

第五部分:管线最开始与海平面接触的位置称为触地点(TDP),管线与海平面接触的部分,称为触地段,有时学者将海平面假设为刚性的,以简化管线求解的过程,然而在触地段管线受静水压力、海底与管线的相互作用力以及可能出现的冲击等外力作用,因此这部分影响是不可忽略的。

4.2 模型计算方法

基于管线被划分为五个部分的形态特点,根据管线各部分形态与受力表现出来的不同特性,对不同分段进行受力分析后,分别建立管线微分方程,提出以多分段形态模型的数值方法求解整体管线的形态与受力。

4.2.1 管线托管架段模型

托管架段由于一部分管线在水面以上,一部分在水中,因此需要划分为两个部分。这两部分的管线曲率与托管架曲率相同,不同的是在水面以下的部分要受到海水的浮力作用,需要指出的是,实际工程中托管架与管线的接触是通过滚轮离散性接触的,但这并不是本章关心的重点,本章主要考虑管线整体的受力分布。

$$\mathrm{d}T_{1i} = - w_1 \mathrm{d}l \sin \theta_{1i} \tag{4-1}$$

$$\mathrm{d}T_{1i} = - w \mathrm{d}l \sin \theta_{1i} \tag{4-2}$$

式中,T_{1i} 为任意点管线微元受到的拉力;w_1 为管线在水面以上时,在空气中的单位重力;w 为管线在水中时的单位重力;$\mathrm{d}l$ 为管元长度;θ_{1i} 为管线与水平方向的夹角。

由于在托管架段管线搭接在托管架上,因此管线的形态与托管架形态相同,管线托管架任意点处管线的坐标可以表示为

$$x_{1i} = R_{st}(\sin \theta_{1i} - \sin \theta_1) \tag{4-3}$$

$$y_{1i} = R_{st}(\cos \theta_{1i} - \cos \theta_1) \tag{4-4}$$

式中,x_{1i},y_{1i} 为托管架段管线任意点的横坐标与纵坐标;R_{st} 为托管架半径;θ_1 为托管架上端顶部的角度。

如果忽略管线自身半径的因素,管线的弯曲半径与托管架的半径相同,由此托管架段的弯矩可以表示为

$$M_1 = \frac{EI}{R_{st}} \tag{4-5}$$

式中，EI 为管线的抗弯刚度。

管线微元的受力分析如图 4-2 所示。

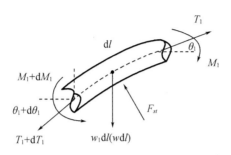

图 4-2　管线在托管架段受力示意图

4.2.2　管线中间段模型

由于中间段靠近托管架段，因此该段不仅受到管线自身的重力与浮力作用，而且受到来自托管架段的弯矩影响。图 4-3 为管线微元在中间段的受力分析示意图，从升离点至反弯点之间的中间段部分，基于梁理论近似地利用二项因式表达管线上任意点的曲率 $1/R(s)$[45-46] 表示为

$$\frac{1}{R(s)} = \frac{1}{R_0(s)} - \frac{1}{R_w(s)} \tag{4-6}$$

式中，s 为升离点至中间段上任意点的弧长；R 为管线的曲率半径；$1/R_0(s)$ 为升离点处引起的曲率；$1/R_w(s)$ 为由管线自重引起的曲率。

$1/R_0(s)$ 与 $1/R_w(s)$ 可分别根据梁的基本理论表示为

$$\frac{1}{R_0(s)} = \frac{1}{R_{st}}\left(\cosh\sqrt{\frac{T_2}{EI}}s - \sinh\sqrt{\frac{T_2}{EI}}s\right) \tag{4-7}$$

$$\frac{1}{R_w(s)} = \frac{w\cos\theta_2}{T_2} \tag{4-8}$$

在反弯点处 $1/R(s) = 0$，由此解出升离点至反弯点的距离 L_m 与中间段的深度 H_m：

$$L_m = -\frac{\ln[R_{st}w\cos\theta_{p2}/T_{p2}]}{\sqrt{T_{p2}/EI}} \tag{4-9}$$

$$H_m = L_m\sin\frac{\theta_{p2} + \theta_{p1}}{2} \tag{4-10}$$

式中，θ_{p2} 为管线反弯点处水平倾角；θ_{p1} 为管线升离点处水平倾角；T_{p2} 为管线反弯点处的管线张力；R_{st} 为托管架半径；EI 为管线的抗弯刚度。

中间段任意点水平倾角 θ_{2i} 与管线纵向坐标 y_{2i} 可以根据曲率求得：

$$\theta_{2i} = \theta_{p_1} + \int_0^{s_i} \frac{\mathrm{d}s}{R(s)} \tag{4-11}$$

$$y_{2i} = y_{p_1} - s_i \sin\left(\frac{\theta_{p_1} + \theta_{2i}}{2}\right) \tag{4-12}$$

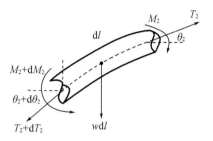

图 4-3 管线中间段受力示意图

4.2.3 管线悬浮段模型

在悬浮段可以忽略弯矩对管线的影响，管线的微元受力分析如图 4-4 所示。

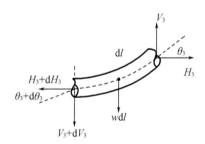

图 4-4 管线在悬浮段受力示意图

根据自然悬链线法求解[140]：

$$\frac{\mathrm{d}(\tan\theta)}{\mathrm{d}s} = \frac{w}{H} \tag{4-13}$$

式中，s 为管线的弧长；θ 为管线的倾角；w 为管线在水中的单位重力；H 为管线水平方向的拉力。

如果忽略每个管线微元的弧度，则管线微元 $\mathrm{d}s$ 和管线倾角 θ 可以表示为

$$\mathrm{d}s = \sqrt{(\mathrm{d}y_3)^2 + (\mathrm{d}x)^2} \tag{4-14}$$

$$\tan\theta = \frac{\mathrm{d}y_3}{\mathrm{d}x} \tag{4-15}$$

由此式(4 - 13)可以转化为

$$H \frac{\mathrm{d}^2 y_3}{\mathrm{d}x^2} = w \sqrt{1 + \left(\frac{\mathrm{d}y_3}{\mathrm{d}x} \right)^2} \qquad (4-16)$$

式中，y_3 为管线的纵向位移；x 为管线的水平位移。

方程(4 - 16)的解析解为

$$y_3(x) = c_1 + \frac{H}{w} \cosh\left(\frac{w}{H}x + c_2 \right) \qquad (4-17)$$

式中，c_1 与 c_2 为未知系数，需要根据边界条件进行求解。

对式(4 - 17)进行求导可以得到管线的倾角

$$\theta_3(x) = \arctan\left[y_3'(x) \right] \qquad (4-18)$$

从而得到管线任意点的曲率为

$$\kappa_3(x) = \frac{\mathrm{d}\theta_3}{\mathrm{d}s} = \frac{\mathrm{d}\theta_3}{\mathrm{d}x} \frac{\mathrm{d}x}{\mathrm{d}s} = \frac{w^3}{H^3} \left(\frac{\mathrm{d}^2 y_3}{\mathrm{d}x^2} \right)^{-2} \qquad (4-19)$$

任意点处的管线拉力可以表示为

$$T_3(x) = \frac{H^2}{w} \frac{\mathrm{d}^2 y_3}{\mathrm{d}x^2} \qquad (4-20)$$

虽然自然悬链不能承受弯矩与剪力，但可以根据抗弯刚度 EI 与曲率 κ 得到

$$M_3(x) = EI\kappa_3(x) = \frac{EIw^3}{H^3} \left(\frac{\mathrm{d}^2 y_3}{\mathrm{d}x^2} \right)^{-2} \qquad (4-21)$$

$$S_3(x) = \frac{\mathrm{d}M_3}{\mathrm{d}s} = \frac{\mathrm{d}M_3}{\mathrm{d}x} \frac{\mathrm{d}x}{\mathrm{d}s} = -2EI \left(\frac{w}{H} \right)^6 \frac{\mathrm{d}y_3}{\mathrm{d}x} \left(\frac{\mathrm{d}^2 y_3}{\mathrm{d}x^2} \right)^{-4} \qquad (4-22)$$

4.2.4　管线边界层段模型

边界层段位于悬浮段底部，并与海床相连为靠近海床处的位置，管线边界层段一直受到许多学者的关注，研究证明管线附近的弯矩对管线形态有影响，特别是当海床刚度较大时是不能够忽略的[100]。管线边界层段受力分析如图 4 - 5 所示。

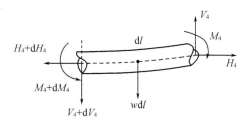

图 4 - 5　管线边界层段受力示意图

由于边界层部分的管线靠近海床并且管线倾角很小，因此可以通过垂向力的平衡得到

控制方程

$$EI\frac{\mathrm{d}^4y_4}{\mathrm{d}x^4} - T_4\frac{\mathrm{d}^2y_4}{\mathrm{d}x^2} = w \tag{4-23}$$

式中，y_4 为边界层的形态，T_4 为轴向拉力（忽略边界层段拉力的变化），w 为管线在水中的单位重力。

方程（4-23）具有解析解，可以表示为

$$y_4(x) = -\frac{w}{2T_4}x^2 + c_3 + c_4x + c_5\mathrm{e}^{\gamma x} + c_6\mathrm{e}^{-\gamma x} \tag{4-24}$$

其中，c_3，c_4，c_5，c_6 为未知系数，需要稍后根据边界条件进行求解；γ 为拉力 T_4 与抗弯刚度 EI 的函数：

$$\gamma = \sqrt{\frac{T_4}{EI}} \tag{4-25}$$

根据梁的理论管线受到的弯矩与剪切力可以表示为

$$M_4(x) = -EI\frac{\mathrm{d}^2y_4}{\mathrm{d}x^2} \tag{4-26}$$

$$S_4(x) = -EI\frac{\mathrm{d}^3y_4}{\mathrm{d}x^3} \tag{4-27}$$

4.2.5 管线触地段模型

管线触地段受力分析如图 4-6 所示。

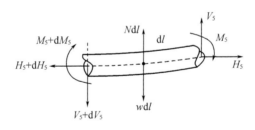

图 4-6 管线触地段受力示意图

为了保证在触地处的连续性，认为海底是弹性的，并假设海床表现出类似 Winkler 地基弹性性质。管线单元同样采用梁的基本理论，其平衡方程可以表示为

$$EI\frac{\mathrm{d}^4y_5}{\mathrm{d}x^4} - T\frac{\mathrm{d}^2y_5}{\mathrm{d}x^2} + ky_5 = w \tag{4-28}$$

式中，y_5 为触地段管线的形态；T 为管线轴向拉力（忽略拉力的变化）；k 为海床土体刚度；w 为管线在水中的单位重力。

方程（4-28）的通解可以表示为

$$y_5(x) = \frac{w}{k} + c_7 e^{-\alpha x}\cos(\beta x) + c_8 e^{-\alpha x}\sin(\beta x) + c_9 e^{\alpha x}\cos(\beta x) + c_{10} e^{\alpha x}\sin(\beta x) \quad (4-29)$$

式中，c_7，c_8，c_9，c_{10} 为未知系数，需要根据边界条件进行求解；α，β 为土体刚度 k 与抗弯刚度 EI 和轴向拉力 T_4 的函数：

$$\alpha = \frac{1}{2}\sqrt{2\sqrt{\frac{k}{EI}} + \frac{T_4}{EI}} \quad (4-30)$$

$$\beta = \frac{1}{2}\sqrt{2\sqrt{\frac{k}{EI}} - \frac{T_4}{EI}} \quad (4-31)$$

如图 4-1 所示，管线被四个分割点（分离点 P_1、反弯点 P_2，边界层分割点 P_3 和触地点 P_4）分割为托管架段、中间段、悬浮段、边界层段与触地段五个部分。各段间分割点间具有位移、角度、弯矩和剪力的连续性，因此可以根据边界条件的连续性，利用牛顿迭代法求解管线的形态与受力。

4.3　结果对比

为了验证本方法的准确性与有效性，首先与悬链线法计算结果进行对比，计算参数如表 4-1 所示。如图 4-7 所示，两种计算方法中管线整体的形态没有太大差别。然而如图 4-8 所示，悬链线法得到的管线水平跨度比本书结果得到的水平跨度减少了 10.2 m，产生差距的原因可能是由于在本模型中考虑了弹性海底与边界层段弯矩的因素。

表 4-1　计算参数

名称	单位	参数
管线外径	in	22
管线壁厚	m	0.026
管线等级	—	API 5L PSL2 X65
防腐层厚度	m	0.003
防腐层密度	kg/m³	900
弹性模量	MPa	207 000
作业水深	m	800
托管架半径	m	80
升离点角度	deg	55.7
干舷高度	m	8.5
顶角	deg	0
土体刚度	N/m²	1×10^4

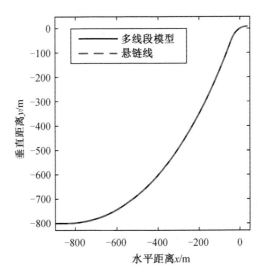

图 4-7 管线整体形态对比图

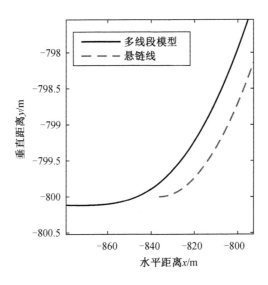

图 4-8 管线在边界层与触地段对比图

4.4 管线参数对管线的影响

在施工设计阶段,设计者往往面临管线规格参数的选取,由于不同的管线参数影响着管线形态、拉力与弯矩,本书分别从管线直径与管线壁厚的变化进行分析。

4.4.1 管线直径对管线的影响

为了分析管线直径对管线的影响,分别取不同的管线直径 $D = 18$ in、20 in、22 in、24 in,

其他参数保持不变如表 4 − 1 所示。值得注意的是虽然管线在空气中的单位重力,随着管线直径的增大而增大,然而在水中由于直径的变大导致浮力增加,最终湿重反而减小。如图 4 − 9 所示,随着管线直径的增大,管线水平跨度随之减少,而且直径越大,水平跨度减少的趋势越快;在管线直径为 $D = 18$ in 时,管线铺设水平跨度为 973.9 m,在管线直径增加到 $D = 24$ in 时,管线铺设的水平跨度为 742.5 m,共减少了 231.4 m。

如图 4 − 10 所示,管线埋深随着管线直径不同而发生明显变化,管线形态在靠近触地点的位置会有一个凹陷,管线直径越大凹陷越加明显,管线直径较小时几乎没有凹陷,在管线直径 $D = 18$ in 时,管线在海底最大埋深为 0.118 4 m,在管线直径增加到 $D = 24$ in 时,管线在海底的最大埋深为 0.119 3 m,略有增加,但变化并不是很大;随着触地长度的增加,管线埋深逐渐保持不变,在无穷远处,其嵌入深度受到管线自重的影响,因此直径最小时自重埋深最大,具体变化结果如表 4 − 2 所示。

表 4 − 2　不同管线直径下管线形态结果

管线直径 /in	水平跨度 /m	最大埋深 /m	自重埋深 /m
18	973.9	0.118 4	0.106 1
20	913.8	0.119 9	0.099 3
22	846.6	0.119 4	0.088 5
24	742.5	0.119 3	0.073 6

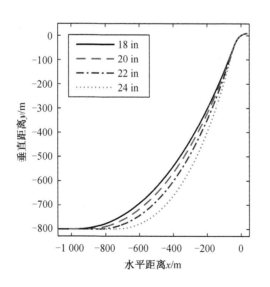

图 4 − 9　不同管线直径下管线整体形态对比图

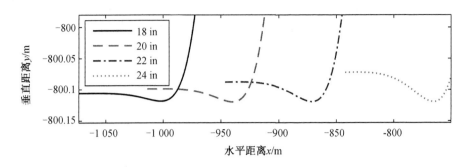

图 4 – 10　不同管线直径下触地点区域管线形态对比图

如图 4 – 11 所示,在小直径时由于湿重为最大,为了得到相同的脱离角,管线需要更大的拉力,因此张紧器所需要提供的拉力由直径为 $D = 18$ in 时的 1.64 MN,减少到当直径为 $D = 24$ in 时的 0.912 MN;随着水深的增加,管线的轴向拉力逐渐减小,当在海底处拉力逐渐减少到最小,在管线直径 $D = 18$ in、20 in、22 in、24 in 时,管线所受到的轴向拉力分别为 0.723 MN、0.601 MN、0.464 MN、0.301 MN。

如图 4 – 12 所示,管线在托管架段的弯矩主要受托管架半径与管线抗弯刚度的影响,由此在直径最大($D = 24$ in)时弯矩也是最大的;由于管线具有相同的升离点,导致反弯点的位置相差并不是很大;在悬浮段时,当管线直径 $D = 24$ in 时,管线抗弯刚度与曲率变化最大,导致其在触地之前有最大的弯矩 1.02 MN。不同管线直径下管线拉力与弯矩结果详细的对比结果见表 4 – 3。

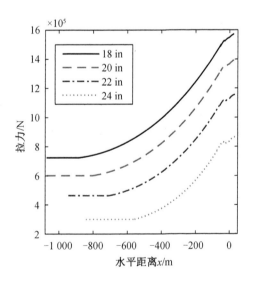

图 4 – 11　不同管线直径下拉力对比图

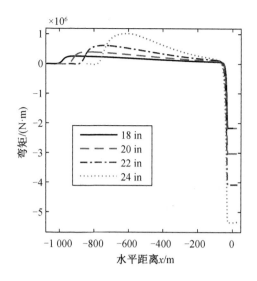

图 4 - 12　不同管线直径下弯矩对比图

表 4 - 3　不同管线直径管线拉力与弯矩结果对比

管线直径 /in	最大拉力 /MN	最小拉力 /MN	托管架处弯矩 /(MN·m)	悬空段最大弯矩 /(MN·m)	海床处最大弯矩 /(kN·m)
18	1.64	0.723	-2.18	0.254	2.92
20	1.48	0.601	-3.04	0.398	6.03
22	1.19	0.464	-4.11	0.616	10.86
24	0.912	0.301	-5.39	1.02	18.94

4.4.2　管线壁厚对管线的影响

图 4 - 13 显示了在不同管线壁厚 $t - 26$ mm、32 mm、38 mm、44mm 时的管线形态。从图中可以看出随着管线壁厚的增加,管线铺设的水平跨度也随着增长。当管线壁厚 $t = 26$ mm 时,管线铺设的水平跨度为 846.6 m,而当管线壁厚 $t = 44$ mm 时,铺管船与触地点之间的距离增加到 979.3 m。

如图 4 - 14 所示,不同管线壁厚下触地点区域管线形态对比,可以看出管线的最大埋深和无穷远处的埋深都随着壁厚的增加而增大,在管线壁厚 $t = 26$ mm 时,管线在海底的最大埋深为 0.119 4 m,随着管线壁厚的增加,在管线壁厚达到 $t = 44$ mm 时,管线在海底的最大埋深达到 0.309 7 m,由此可以看出在管线壁厚变化后,管线的埋深变化很大;然而图中显示出管线回弹距离随着管线壁厚的增加而减少,当管线厚度在增加到 $t = 38$ mm、44 mm 时基本已经不存在回弹距离;随着触地长度的增加,管线埋深逐渐保持不变,在无穷远处,其嵌入深度受到管线自重的影响,当管线壁厚 $t = 44$ mm 时,自重埋深最大为 0.301 3 m。不同管线壁厚下管线形态结果的详细结果见表 4 - 4。

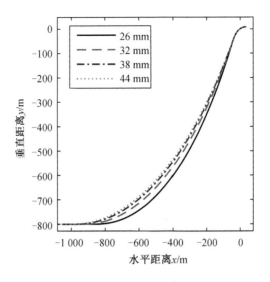

图 4 – 13 不同管线壁厚下管线整体形态对比图

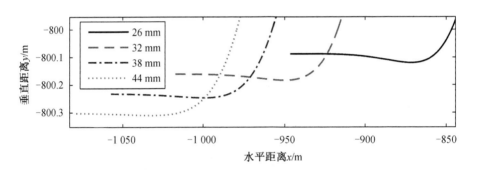

图 4 – 14 不同管线壁厚下触地点区域管线形态对比图

表 4 – 4 不同管线壁厚下管线形态结果

管线壁厚 /mm	水平跨度 /m	最大埋深 /m	自重埋深 /m
26	846.6	0.119 4	0.088 5
32	917.0	0.183 3	0.161 2
38	957.4	0.246 3	0.232 1
44	979.3	0.309 7	0.301 3

如图 4 – 15 所示,随着管线厚度的增加管线所受到拉力也随之增加。如图 4 – 16 所示,在中间段与悬浮段管线弯矩没有太大的变化,但在托管架段,由于管线厚度的增加导致抗弯刚度增大,从而导致管线弯矩增大;在边界层段,由于水平跨度的不同,管线弯矩有所不同,随着管线厚度的增加,管线弯矩有所变大。如表 4 – 5 所示为不同管线壁厚下管线拉力与弯矩详细的对比结果。

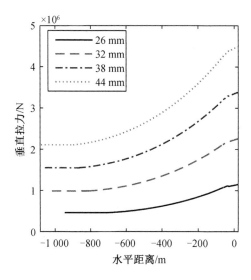

图 4 - 15　不同管线壁厚下拉力对比图

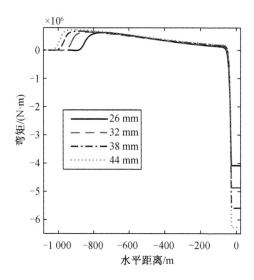

图 4 - 16　不同管线壁厚下弯矩对比图

表 4 - 5　不同管线壁厚下拉力与弯矩结果对比

壁厚 /mm	最大拉力 /MN	最小拉力 /MN	托管架处弯矩 /（MN·m）	悬空段最大弯矩 /（MN·m）	海床处最大弯矩 /（kN·m）
26	1.19	0.464	-4.11	0.616	10.86
32	2.26	0.988	-4.89	0.632	7.981
38	3.38	1.548	-5.62	0.669	5.216
44	4.49	2.106	-6.30	0.717	3.131

第5章　J型管线与非线性刚度海床耦合分析

J型铺管方法被认为是在深水和超深水中铺设海底管线最可行的方法。本章主要提出了一种考虑非线性土壤刚度的数学模型。铺设中的J型管线包括两个部分:一部分管线悬浮于水中,成"J"形,另一部分管线敷设在海底。根据这两部分管线的受力特性分别由数值迭代法和有限差分法进行求解。由这两部分边界中的位移、倾角、张力和弯矩的连续性,利用迭代法求解管线整体的形态与受力。最后,在此模型的基础上研究了土壤特性的参数泥线抗剪强度、抗剪强度梯度和外管直径的变化对管线形态与受力的影响。

5.1　数学模型的建立

在铺管过程中通常船舶是在一个给定的方向上做直线运动。因此,假定管线仅限于在垂直平面上做二维运动。管线被划分为两部分,一部分悬浮于水中,另一部分在海底。如图5-1所示,建立了两个坐标系。全局坐标系的原点 O 位于触地点,定义水平方向为 x 轴,竖直方向为 y 轴;为了计算管线在海底处的形态,定义管线嵌入海底的高度为 h,并且向下为正。为了计算水中的管线形态与受力,从而建立了局部坐标系,将原点 O_1 建立在管线顶端,定义水平方向为 x_1 轴,竖直方向为 y_1 轴。

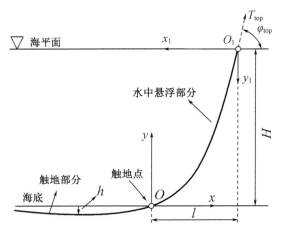

图 5-1　坐标系定义

5.1.1　悬浮段数学模型建立

在局部坐标系 $x_1O_1y_1$ 中,取管段的微元并且忽略高阶项,在水中部分管元的受力分析如图 5 - 2 所示。

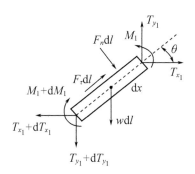

图 5 - 2　在水中部分的管元受力分析

由此管线的平衡方程可以表示为

$$\mathrm{d}T_{x_1} = F_n \mathrm{d}l\sin\theta + F_\tau \mathrm{d}l\cos\theta$$
$$\mathrm{d}T_{y_1} = F_\tau \mathrm{d}l\sin\theta - F_n \mathrm{d}l\cos\theta - w\mathrm{d}l \qquad (5-1)$$
$$\mathrm{d}M_1 = T_{y_1}\mathrm{d}l\cos\theta - T_{x_1}\mathrm{d}l\sin\theta$$

式中，T_{x_1} 和 T_{y_1} 分别为管线张力在水平和竖直方向的分量；θ 为管线在轴向和水平方向的倾角；$\mathrm{d}l$ 为管线微元的长度；w 为管线单位长度的浮重度；M_1 为管线的弯矩；F_n 与 F_τ 分别为沿着管线与垂直于管线方向的拖曳力。

　　由于在深水中管线很长，并且本章着重研究管线与海床的相互作用，因此在水中段忽略弯矩对管线的影响，由此管线张力和倾角 θ 之间的关系可以表示为

$$\tan\theta = T_{y_1}/T_{x_1} \qquad (5-2)$$

　　管线在水中法向和切向受到海流力影响的拖曳力 F_n 和 F_τ，通过莫里森方程计算：

$$F_n = 0.5\rho_w C_n D(v\sin\theta)^2$$
$$F_\tau = 0.5\rho_w C_\tau D(v\cos\theta)^2 \qquad (5-3)$$

式中，ρ_w 为海水的密度；v 为海流速度；C_n 和 C_τ 分别是法向和切向的拖曳力系数。

　　如果忽略管线的轴向应变和剪切应变，可以得到以下几何关系：

$$\begin{cases} \mathrm{d}x_1 = \mathrm{d}l\cos\theta \\ \mathrm{d}y_1 = \mathrm{d}l\sin\theta \end{cases} \qquad (5-4)$$

　　本章虽然忽略了弯矩对于管线的影响，但是可以利用抗弯刚度 EI 和曲率 κ 近似估算弯矩：

$$M_1 = EI\kappa = \frac{EIw^3}{[y_1''(x_1)]^2 H^3} \qquad (5-5)$$

式中，H 为水深。

5.1.2　触地段数学模型建立

　　根据单位梁的基本理论，在海底处的管元受力分析如图 5 - 3 所示。

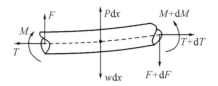

图 5 – 3　在海床部分的管元受力分析

基于有限差分法管线的一般平衡方程可以表示为[141]

$$\frac{d^2 M}{dx^2} - T \frac{d^2 h}{dx^2} = w - P \qquad (5-6)$$

式中, M 与 T 为管线的弯矩和轴向拉力; P 为单位长度的管线受到的土体抗力; w 为管线单位长度的浮重度; h 为管线嵌入土壤的深度。

海床土体模型对管线的静平衡应力状态有很大的影响, 在早期的管线数值计算以及规范设计中常将海床假设为刚性, 这使得结果更加保守, 设计也更加安全, 但采用弹性海床土体模型更能接近海床的真实状态。由于在 J 型铺管作业时, 铺管船是在向前移动的, 管线与海床并不会长时间不断循环作用, 因此可以忽略海床刚度的衰减。一些研究学者将海底简化为线性模型, 对管线与海底耦合受力分析进行了研究, 土体抗力 P 可以看作土壤刚度系数与管线嵌入土壤深度 h 的线性函数[100]。然而, 在实际工程中土体的应力应变关系为非线性, 因此使用线性土壤刚度模型不能准确地表达土体的力学性能。Aubeny 等[98] 提出了一种土体抗力和管线埋深的非线性表达式:

$$P = a\left(\frac{h}{D}\right)^b S_u D \qquad (5-7)$$

式中, a 和 b 是拟合系数, 这两个系数与管线的粗糙度有关, 可以从试验中获得, 见表 5 – 1; D 为管线的外径; S_u 可以表示为

$$S_u = S_{u0} + S_{g0} h \qquad (5-8)$$

式中, S_{u0} 为泥线抗剪强度, 它是海床在不排水情况下的抗剪强度, S_{g0} 是抗剪强度梯度, 由此最终土体抗力可以确定为

$$P = a\left(\frac{h}{D}\right)^b (S_{u0} + S_{g0} h) D \qquad (5-9)$$

表 5 – 1　计算参数

管线表面	$h/D \leq 0.5$	$h/D > 0.5$
光滑	$a = 4.97, b = 0.23$	$a = 4.88, b = 0.21$
粗糙	$a = 6.73, b = 0.29$	$a = 6.15, b = 0.15$

假设管线的外径 $D = 0.304\ 8$ m, 泥线抗剪强度 $S_{u0} = 1$ kPa 以及抗剪强度梯度 $S_{g0} = 1$ kPa·m^{-1}, 如图 5 – 4 所示为管线不同埋深与土体抗力间的关系, 图中表明土体抗

力 P 和管线埋深 h 是非线性的关系。

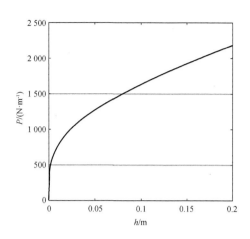

图 5 - 4   管线不同埋深与土体抗力间的关系

为了求解非线性方程组(5 - 6),如图 5 - 5 所示,用离散的非线性弹簧来表示土体的作用。非线性的土体刚度 $k(x)$ 通过基于以下方程的迭代方法来估算:

$$P = P_s + k_s(h - h_s) \qquad (5 - 10)$$

因此,方程(5 - 6)可以重新写成

$$\frac{\mathrm{d}^2 M}{\mathrm{d}x^2} - T\frac{\mathrm{d}^2 h}{\mathrm{d}x^2} + kh = \omega - P_s + kh_s \qquad (5 - 11)$$

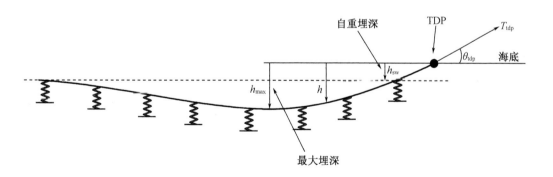

图 5 - 5   管线海底部分耦合模型

5.2   管线边界条件

由于管线被划分为水中悬浮段和触地段两个部分,因此具有管线顶点、触地点和管线触地无穷远处三个边界点。

（1）在管线顶部的第一个边界点，由于水深为 0 和管线顶部角度 φ_{top} 已知，可以表示为

$$\begin{cases} y_1(0) = 0 \\ y_1'(0) = \tan \varphi_{top} \end{cases} \tag{5-12}$$

（2）在触地点处的第二个边界点，为了保证管线两段处的位移、倾角、张力和弯矩的连续性，具有四个边界条件：

$$\begin{cases} y_1(l) = H, h(0) = 0 \\ \theta_{tdp} = y_1'(l) = h'(0) \\ T_{tdp} = T_1(l) = T(0) \\ M_1(l) = M(0) \end{cases} \tag{5-13}$$

（3）第三个边界点位于管线触地后的无穷远 $x \to -\infty$ 处，在此边界点处具有两个边界条件：

$$\begin{cases} h(-\infty) = h_{sw} \\ h'(-\infty) = 0 \end{cases} \tag{5-14}$$

式中，h_{sw} 为管线由于自重在海底引起的埋深高度。

5.3　模型迭代求解

如图 5-6 所示，在固定坐标系中，悬浮于水中部分的管线沿竖直方向划分为 m 个管线微元，每个管线微元的长度为 $\mathrm{d}y_1$，所有的管元被认为是没有曲率的微小单元。在触地段的管线沿水平方向被划分为 n 个管线微元，每个管线微元的长度为 $\mathrm{d}x$。

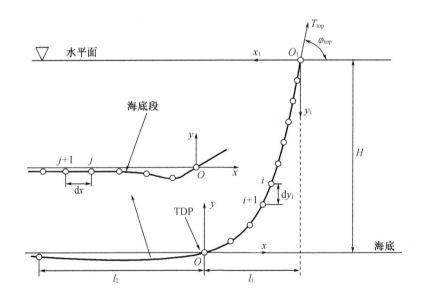

图 5-6　模型单元划分

基于方程(5-1),对于悬浮在水中的任意管线微元 i,根据受力平衡关系可以表示为

$$T_{x_1 i+1} = T_{x_1 i} + F_{\tau i} \mathrm{d} l_i \cos\theta_i + F_{ni} \mathrm{d} l_i \sin\theta_i \qquad (5-15)$$

$$T_{y_1 i+1} = T_{y_1 i} + F_{\tau i} \mathrm{d} l_i \sin\theta_i - F_{ni} \mathrm{d} l_i \cos\theta_i - w \mathrm{d} l_i \qquad (5-16)$$

$$T_{1 i+1} = \sqrt{T_{x_1 i+1}^2 + T_{y_1 i+1}^2} \qquad (5-17)$$

基于方程(5-2)和方程(5-4),对于悬浮在水中的任意管线微元 i 的几何关系公式可以表示为

$$y_{1 i+1} = y_{1 i} + \mathrm{d} y_1 \qquad (5-18)$$

$$x_{1 i+1} = x_{1 i} + \frac{\mathrm{d} y_1}{\tan\theta_i} \qquad (5-19)$$

位于海底中的 n 个管线微元,基于有限差分法可以改写成矩阵形式:

$$\boldsymbol{KY} = \boldsymbol{R} \qquad (5-20)$$

在考虑边界条件下,方程可以重新写成:

$$
\begin{bmatrix}
1 & 0 & 0 & \cdots & & & & \\
\alpha-4 & 7-2\alpha+\beta_2 & \alpha-4 & 1 & & & & \\
1 & \alpha-4 & 6-2\alpha+\beta_3 & \alpha-4 & 1 & & & \\
& \ddots & \ddots & \ddots & & & & \\
& & 1 & \alpha-4 & 6-2\alpha+\beta_{n-2} & \alpha-4 & 1 & \\
& & & 1 & \alpha-4 & 7-2\alpha+\beta_{n-1} & \alpha-4 & \\
& \cdots & 0 & 0 & & 0 & & 1
\end{bmatrix}
\begin{bmatrix}
h_1 \\ h_2 \\ h_3 \\ \vdots \\ h_{n-2} \\ h_{n-1} \\ h_n
\end{bmatrix}
$$

$$
=
\begin{bmatrix}
0 \\
\gamma_2 - 2\theta_{\mathrm{tdp}} \mathrm{d} x \\
\gamma_3 \\
\vdots \\
\gamma_{n-2} \\
\gamma_{n-1} \\
h_{\mathrm{sw}}
\end{bmatrix}
\qquad (5-21)
$$

式中, $\alpha = \dfrac{T \mathrm{d} x^2}{EI}$, $\beta_i = \dfrac{k_i \mathrm{d} x^4}{EI}$, $\gamma = (\omega_i - P_{si} + k_i h_{si}) \dfrac{\mathrm{d} x^4}{EI}$。其中 $i = 1, 2, \cdots, n$,包括第一个触地点(TDP)和管线最后一个尾端点 n。由于管线铺设在海底,管线的倾角很小,因此假设管线的张力 T 为常数保持不变和触地点处的管线张力 T_{tdp} 相等[100]。

根据梁的基本理论,管线的弯矩可以表示为

$$M_j(x_j) = -EI \frac{\mathrm{d}^2 h_j}{\mathrm{d} x_j^2} \qquad (5-22)$$

如图 5-7 所示,在计算开始时,需要输入悬浮于水中和海底的管线部分的基本参数。为了开始计算悬浮于水中的管线,对 T_{tdp} 初始进行假定是必要的。假定海底是刚性的,最初

T_{tdp} 可以通过悬链线法计算:

$$T_{tdp} = \frac{wH\cos \varphi_{top}}{1 - \cos \varphi_{top}} \qquad (5-23)$$

式中, w 是水下管线单位长度的浮重度, H 是水深, φ_{top} 是管线顶部角度。由于管线在触地点处的角度很小,因此初始的管线拉力很接近真实的拉力值,但略小。

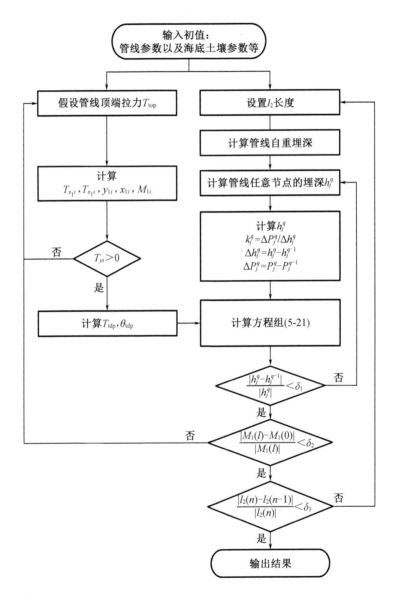

图 5-7 模型计算流程图

当计算悬浮于水中的管线时,需要验证张力是否足够支撑管线自重。如果 $T_{yi} < 0$,那么 T_{tdp} 一定是太小了,应该增加。如果 $T_{yi} > 0$ 满足后,将 T_{tdp} 和 θ_{tdp} 输入到方程(5-21)中来计算触地区域的管线形态。

在管线触地区域,最开始因为 k_i 是未知,因此,在计算的第一步每个节点以管线自重深度 h_{sw} 为初始位移,一个新值 h_j^q 可以从结果中获得,迭代计算将继续直到 $|h_j^q - h_j^{q-1}|/|h_j^q| < \delta_1$ 结束,其中 h_j^q 为第 j 个节点在第 q 次迭代后的管线埋深。

输入不同的顶部张力 T_{top} 得到的计算结果是不同的,但仅有一组结果能保证管线的弯矩在触地点是连续的,即当满足 $|[M_1(l) - M(0)]/M_1(l)| < \delta_2$ 时迭代结束。如果弯矩是连续的,最后需要检查 $|[l_2(n) - l_2(n-1)]/l_2(n)| < \delta_3$,其中 $l_2(n)$ 是从触地点到终点的管线长度,对于一般的计算 $l_2(n) = 200$ m 已经足够满足计算的精度。

5.4　验证和对比分析

5.4.1　模型验证

为了验证悬链线模型(CLM)[100]、数值模型(NLM)[142]和本书非线性土体刚度模型(NNM)的结果,首先把土体刚度简化为常数,计算参数在表 5 - 2 中给出。

表 5 - 2　计算参数

参数	单位	数值
弹性模量,EI	$N \cdot m^2$	$4.402\,36 \times 10^9$
管线外径,D	m	0.6
水深,H	m	2 050
钢铁密度,ρ_{steel}	kg/m^3	7 850
铺设角,φ_{top}	°	80
水中管线单位重力,w	N/m	8 101.3
流速,$v_{current}$	m/s	0
土体刚度,k_{soil}	N/m^2	7.86×10^4
海水密度,ρ_{water}	kg/m^3	1 025

管线的形态、张力和弯矩的比较结果分别如图 5 - 8、图 5 - 9 和图 5 - 10 所示,显而易见三者的计算结果基本一致。如图 5 - 11 所示,三个模型仅在管线最大埋深点处有稍许差异。表 5 - 3 定量地给出了三个模型的结果。

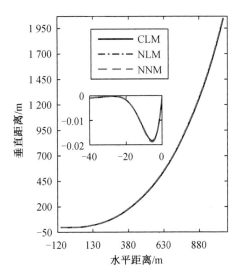

图 5-8　三种模型得到的管线形态结果

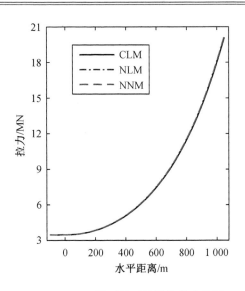

图 5-9　三种模型得到的管线拉力结果

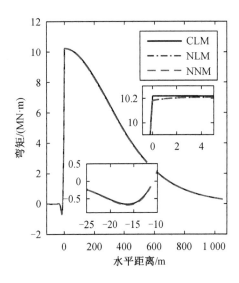

图 5-10　三种模型得到的管线弯矩结果

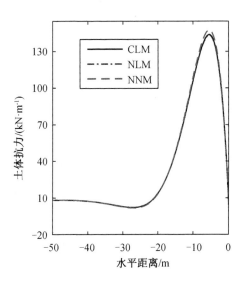

图5-11　三种模型得到的管线土体抗力结果

表 5-3　三个模型的结果对比

模型	最大埋深 /m	水平跨度 /m	顶部张力 /MN	触地点处张力 /MN	最大弯矩 /(MN·m)	最小弯矩 /(MN·m)	最大土体抗力 /(kN·m⁻¹)
CLM	0.018 3	1 044.517	20.088	3.490	10.219	−0.664	143.706
NLM	0.018 2	1 046.026	20.098	3.490	10.183	−0.661	143.322
NNM	0.018 4	1 045.944	20.098	3.490	10.184	−0.688	147.310

5.4.2　模型对比分析

在本节中将当前非线性土体刚度模型与线性土体刚度模型进行比较。在非线性土体刚度模型中,假定管线是粗糙的,泥线抗剪强度为 $S_{u0} = 5.0 \times 10^3\ \mathrm{Pa}$,抗剪强度梯度为 $S_{g0} = 4.5 \times 10^3\ \mathrm{Pa/m}$;在线性土体刚度模型中,土体刚度设置为 $k_{soil} = 3.386\ 8 \times 10^5$ 。由此,两个模型有相同的自重埋设深度为 $-0.023\ 9\ \mathrm{m}$,两个模型的其他计算参数与表 5 - 2 相同。

如图 5 - 12(a)所示,管线的整体形态区别不大,但是从图 5 - 12(b)中进一步可以看到触地区域的差异。尽管两个模型有相同的自重埋设深度,但是在非线性模型中,最大埋设深度是线性土体刚度模型的 112.551%。

如表 5 - 4 与图 5 - 13 所示,两个模型中的张力有很小的不同。如图 5 - 14 所示,线性土体刚度模型中的最大土体抗力是非线性模型的两倍。图 5 - 15(a)显示了悬浮于水中部分管线的弯矩仅有很小的差异。然而,从图 5 - 15(b)中可以看出,最小弯矩位置比线性刚度模型的最小弯矩位置距离触地点更远。

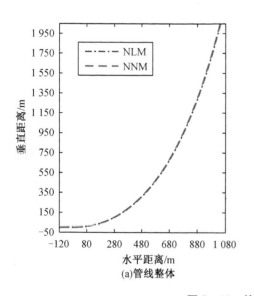
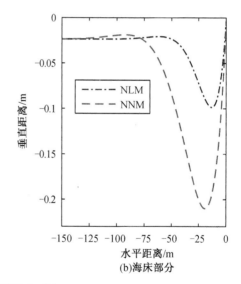

（a）管线整体　　　　　　　　　　　（b）海床部分

图 5 - 12　管线形态对比

表 5 - 4　结果对比分析

项目	水平跨度 /m	最大埋深 /m	自重埋设 深度/m	最大土体抗力 /(kN·m⁻¹)	顶部张力 /MN	触地点张力 /MN	最大弯矩 /(MN·m)	最小弯矩 /(MN·m)
NLM	1 041.488	- 0.098 8	- 0.023 9	33.346	20.098 3	3.491	10.209	- 0.586
NNM	1 037.853	- 0.210 0	- 0.023 9	17.706	20.099 1	3.491	10.208	- 0.645

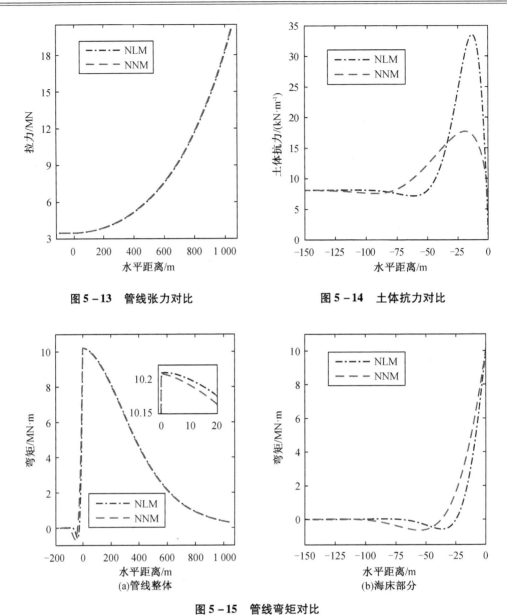

图5-13 管线张力对比   图5-14 土体抗力对比

图5-15 管线弯矩对比

5.5 土体参数对管线的影响

如式(5-9)所示,影响土体抗力的参数主要包括泥线抗剪强度、抗剪强度梯度、管线外径以及参数 a 和 b,以下我们将分析这几种参数对管线的影响。

5.5.1 泥线抗剪强度对管线的影响

为了分析不同的泥线抗剪强度对管线的形态与受力的影响,假定抗剪强度梯度为

$S_{g0} = 4\,500$ Pa/m,以及分别取泥线抗剪强度为 $S_{u0} = 1\,000$ Pa,$3\,000$ Pa,$5\,000$ Pa,$7\,000$ Pa,且假设管线为粗糙的,其他参数如表 5 - 2 所示。

如表 5 - 5 和图 5 - 16(a)所示,随着泥线抗剪强度的增加,管线水平跨度有了小幅增加,从 $1\,031.806$ m 增加到了 $1\,039.462$ m。从图 5 - 16(b)可以看出,在泥线抗剪强度分别为 $S_{u0} = 3\,000$ Pa,$S_{u0} = 5\,000$ Pa 和 $S_{u0} = 7\,000$ Pa 时管线最大埋深分别是 $S_{u0} = 1\,000$ Pa 的 61.840%、41.096% 和 30.137%,管线自重铺设深度分别是 $S_{u0} = 1\,000$ Pa 的 30.086%、7.585% 和 2.507%。此外,随着泥线抗剪强度的增加,管线最大埋深点更加接近于触地点。如图 5 - 17 所示,随着泥线抗剪强度的增加,海底管线的土体抗力变化很大。如图 5 - 18 与图 5 - 19(a)所示,在不同的泥线抗剪强度下,在水中悬浮部分的管线张力和弯矩相差很小。然而,如图 5 - 19(b)所示,随着泥线抗剪强度的增加,最小弯矩增加。

表 5 - 5　不同泥线抗剪强度的结果对比分析

泥线抗剪强度/Pa	水平跨度/m	最大埋深/m	自重铺设深度/m	最大土体抗力/(kN·m⁻¹)	顶部张力/MN	触地点张力/MN	最大弯矩/(MN·m)	最小弯矩/(MN·m)
1 000	1 031.806	- 0.511	- 0.315 1	12.723	20.101 2	3.494	10.199	- 0.373
3 000	1 035.367	- 0.316	- 0.094 8	14.838	20.099 9	3.492	10.209	- 0.509
5 000	1 037.853	- 0.210	- 0.023 9	17.706	20.099 1	3.491	10.208	- 0.645
7 000	1 039.462	- 0.154	- 0.007 93	20.938	20.098 7	3.491	10.209	- 0.740

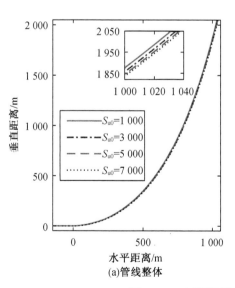
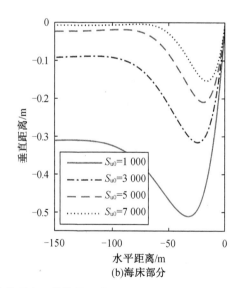

图 5 - 16　不同泥线抗剪强度下的管线形态

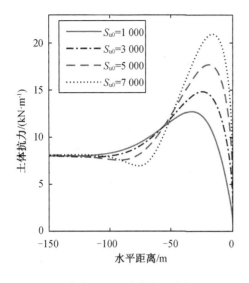

图 5 – 17　海底不同泥线抗剪强度的土体抗力

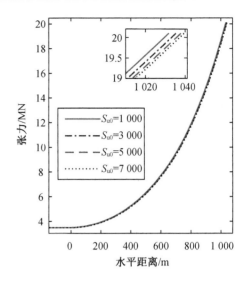

图 5 – 18　不同泥线抗剪强度的整体管线张力

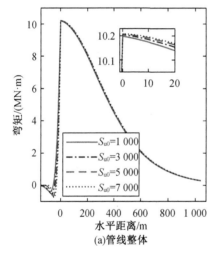

(a)管线整体

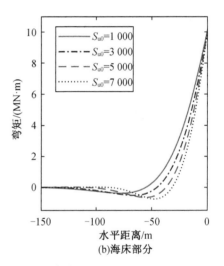

(b)海床部分

图 5 – 19　不同泥线抗剪强度下的管线弯矩

5.5.2　抗剪强度梯度对管线的影响

为了分析不同的抗剪强度梯度对管线的形态与受力的影响，假设泥线抗剪强度为 $S_{u0} = 5\,000\ \text{Pa}$，以及分别取土壤抗剪强度梯度为 $S_{g0} = 0\ \text{Pa/m}$，$5\,000\ \text{Pa/m}$，$10\,000\ \text{Pa/m}$ 与 $20\,000\ \text{Pa/m}$，且假设管线为粗糙的，其他参数与表 5 – 2 相同。

如图 5 – 20(a)和图 5 – 21 所示，随着土壤抗剪强度梯度的变化管线整体形态与张力有较小的变化。然而，从图 5 – 20(b)中可以看出，最大埋设深度从土壤抗剪强度梯度为 $S_{g0} = 0\ \text{Pa/m}$ 时的 0.247 m 减小到了土壤抗剪强度梯度 $S_{g0} = 20\,000\ \text{Pa/m}$ 时的 0.157 m。从图 5 – 22 可以看出，在 $S_{g0} = 5\,000\ \text{Pa/m}$，$10\,000\ \text{Pa/m}$ 和 $20\,000\ \text{Pa/m}$ 下的最大土体抗力

分别比 $S_{g0} = 0$ Pa/m 下的大 114.712%,125.753% 和 142.887%,如图 5 - 23 所示随着抗剪强度梯度的增加,管线最小弯矩有一个小幅增加。然而,如表 5 - 6 所示,管线自重埋设深度在不同的土壤抗剪强度梯度下变化并不明显。

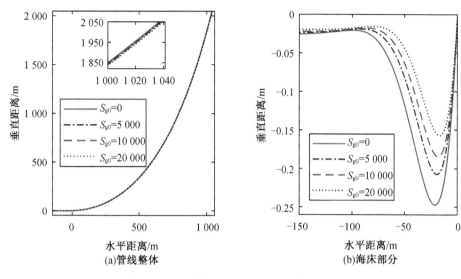

图 5 - 20　不同抗剪强度梯度下的管线形态

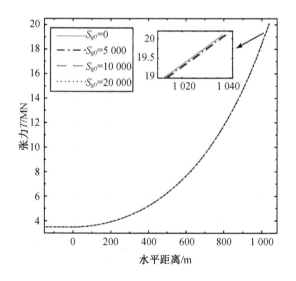

图 5 - 21　不同抗剪强度梯度下的张力对比

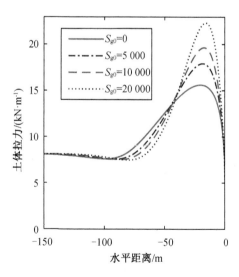

图 5 - 22　不同抗剪强度梯度下的土体抗力对比

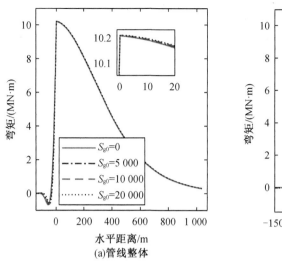
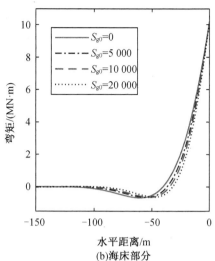

图 5-23　不同抗剪强度梯度下的管线弯矩

表 5-6　不同抗剪强度梯度结果的对比分析

抗剪强度 梯度 /(Pa·m⁻¹)	水平跨度 /m	最大埋深 /m	自重埋设 深度/m	最大土体抗力 /(kN·m⁻¹)	顶部张力 /MN	触地点 张力 /MN	最大弯矩 /(MN·m)	最小弯矩 /(MN·m)
0	1 036.898	-0.247	-0.025 7	15.606	20.099 4	3.492	10.207	-0.667
5 000	1 037.932	-0.207	-0.023 7	17.902	20.099 1	3.491	10.208	-0.644
10 000	1 038.571	-0.184	-0.022 1	19.625	20.098 9	3.491	10.208	-0.633
20 000	1 039.390	-0.157	-0.019 8	22.299	20.098 7	3.491	10.209	-0.623

5.5.3　管线外径对管线的影响

为了分析管线外径变化对管线形态的影响，取泥线抗剪强度 $S_{u0} = 5\ 000\ \text{Pa}$，抗剪强度梯度 $S_{g0} = 4\ 500\ \text{Pa/m}$，以及外管线直径分别为 $D = 0.6\ \text{m}$、$0.8\ \text{m}$、$1.0\ \text{m}$ 和 $1.2\ \text{m}$（管线的浮重度不变，管线厚度相应改变），且假设管线为粗糙的。

如图 5-24(a)随着管线外径的增加，管线铺设的水平跨距有一个小幅增加。图 5-24(b)表明在 $D = 0.8\ \text{m}$，$D = 1.0\ \text{m}$ 和 $D = 1.2\ \text{m}$ 的最大埋深分别比 $D = 0.6\ \text{m}$ 时减少了 81.429%，69.524% 和 61.429%，同时自重埋设深度分别比 $D = 0.6\ \text{m}$ 时减小了 48.536%，69.874% 和 80.753%。如图 5-25 所示，海底管线受到的土体抗力随着管线外径的变化有很大的不同。如图 5-26 和图 5-27(a)所示，管线在水中悬浮段的张力和弯矩仅有很小的差异，从图 5-27(b)中可以看到，随着外管直径的增加管线最小弯矩有小幅增加，此外，随着外管直径的增加，最小弯矩的位置更接近触地点。表 5-7 给出了不同管线外径情况下的定量分析结果。

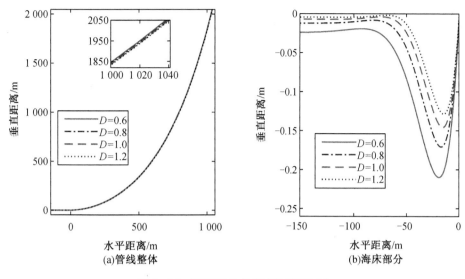

图 5 – 24　不同管线直径下的管线形态

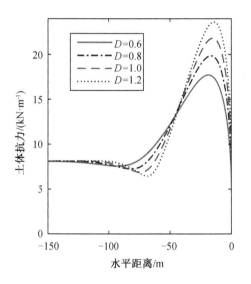

图 5 – 25　不同管线直径下的土体抗力对比

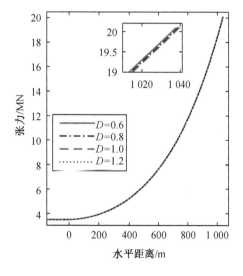

图 5 – 26　不同管线直径下的张力对比

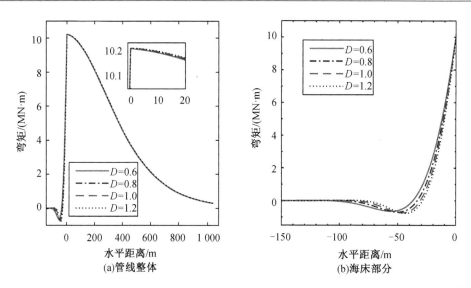

图 5 - 27　不同管线直径下的管线弯矩

表 5 - 7　不同管线外径结果的对比分析

管线外径 /m	水平跨距 /m	管线最大 埋深/m	自重埋设深度 /m	最大土体抗力 /(kN·m⁻¹)	顶部张力 /MN	触地点张力 /MN	最大弯矩 /(MN·m)	最小弯矩 /(MN·m)
0.6	1 037.853	-0.210	-0.023 9	17.706	20.099 1	3.491	10.208	-0.645
0.8	1 038.951	-0.171	-0.012 3	19.849	20.098 9	3.491	10.209	-0.700
1.0	1 039.715	-0.146	-0.007 2	21.798	20.098 7	3.491	10.209	-0.740
1.2	1 040.291	-0.129	-0.004 6	23.595	20.098 5	3.491	10.209	-0.771

第6章 铺管实时动力学模型研究

计算机仿真技术越来越广地被应用到实际工程中,成为保证管线铺设安全性与快速性的有效手段,而实时铺管作业数学模型是其研究的核心与基础。本章的主要内容是研究一种管线铺设实时动力学模型,本模型为采用数值方法对 J 型管线进行离散,将管线假设为离散的集中质量点,以铺管船运动与海底为边界条件,在考虑海流环境对管线影响以及管线的伸缩性情况下建立 J 型管线动力学模型。

6.1 模型需求与假设

作为实时动力学模型,在忽略一些次要因素影响的同时应当满足以下条件[85]:
(1)实时性:模型必须足够简单以满足实时计算的要求;
(2)动力因素:模型中必须包含作用于管线上的主要动力因素;
(3)稳定性:模型必须是渐近稳定的,不存在发散现象,以确保程序能够稳定地运行;
(4)精度:模型必须具有足够的计算精度;
为了在满足精度的情况下保证铺管的实时动力学计算,提出以下假设:
(1)在铺管操作中,通常在动力定位系统控制下,铺管船以较低加速度与低速在给定方向上向前运动,因此,假设管线仅在垂直平面内进行二维运动;
(2)Gong 等[143]研究表明垂弯管线接近在深水和超深水铺设的悬链线,因此在本模型中忽略抗弯强度对管线的影响。

6.2 实时动力学模型的建立

6.2.1 管线受力分析

基于以上假设,将管线划分为 n 份和 $n+1$ 个节点,在固定坐标系定义如下:Ox 轴沿着水平面向东为正,Oy 轴为竖直向下,且在距离触地点远处第 n 个节点处 $x=0$。管线的质量与受力都集中在每个节点上,如图 6-1 所示。

如图 6-2 所示,对于离散的节点间可以看作弹簧阻尼系统,其第 i 个节点的受力分析如图 6-3 所示。

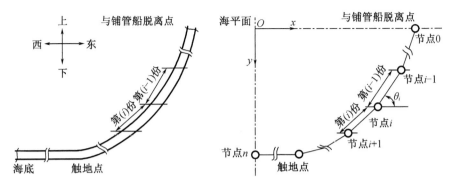

图 6-1　管线数学模型

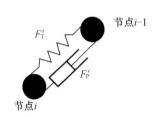

图 6-2　弹簧-阻尼模型

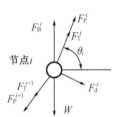

图 6-3　第 i 节点受力分析

作用在第 i 个节点上的力包括:内部动态张力 F_{T}^{i+1}、F_{T}^i,内部阻尼力 F_{P}^{i+1}、F_{P}^i,拖曳力 F_{d}^{i+1}、F_{d}^i,以及浮力 F_{B}^i 与重力 W,动力平衡方程可以表达为

$$\boldsymbol{M}\ddot{\boldsymbol{X}}^i = \boldsymbol{F}_{\mathrm{T}}^i - \boldsymbol{F}_{\mathrm{T}}^{i+1} + \boldsymbol{F}_{\mathrm{P}}^i - \boldsymbol{F}_{\mathrm{P}}^{i+1} + \frac{1}{2}(\boldsymbol{F}_{\mathrm{d}}^{i+1} + \boldsymbol{F}_{\mathrm{d}}^i) - \boldsymbol{F}_{\mathrm{B}}^i + \boldsymbol{W} \qquad (6-1)$$

其中 $\boldsymbol{M} = \begin{bmatrix} m_e & 0 \\ 0 & m_e \end{bmatrix}$ 为质量矩阵,m_e 为每个节点的质量,$\ddot{\boldsymbol{X}}^i = [\ddot{x}_i, \ddot{y}_i]^{\mathrm{T}}$ 表示第 i 个节点在 x、y 方向上的加速度,在当前模型中假定附加质量忽略不计。

6.2.2　管线内力计算

根据弹簧模型及阻尼模型,该管线的动态内力可以分为内部动态张力和内部动态阻尼力。

(1)根据胡克定律,管线单元 i 的水平内部张力 $F_{\mathrm{T}x}^i$ 和垂直内部张力 $F_{\mathrm{T}y}^i$ 可以表示为[144]

$$\begin{cases} F_{\mathrm{T}x}^i = K_e(x_{i-1} - x_i) - K_e L_e \cos\theta_i \\ F_{\mathrm{T}y}^i = K_e(y_{i-1} - y_i) - K_e L_e \sin\theta_i \end{cases} \qquad (6-2)$$

式中,L_e 为管线单元长度,K_e 为每个单元的弹性系数:

$$K_e = \frac{EA_e}{L_e} \qquad (6-3)$$

式中,E 为杨氏模量,A_e 为管线的横截面积。

（2）内部动态阻尼力可以表示为

$$\boldsymbol{F}_{\mathrm{P}}^{i} = \left[F_{\mathrm{P}x}^{i}, F_{\mathrm{P}y}^{i} \right]^{\mathrm{T}} \tag{6-4}$$

在 x、y 方向上内部动态阻尼力可以分解为

$$\begin{cases} F_{\mathrm{P}x}^{i} = C_{v} (\dot{x}_{i-1} - \dot{x}_{i}) \\ F_{\mathrm{P}y}^{i} = C_{v} (\dot{y}_{i-1} - \dot{y}_{i}) \end{cases} \tag{6-5}$$

式中 C_v 为阻尼系数，$\dot{x}_i$、$\dot{y}_i$ 分别为节点在 x、y 方向上的速度。

6.2.3　管线外力计算

管线所受到的外力主要包括由环境引起的拖曳力以及重力和浮力。

（1）第 i 个节点的拖曳力可以表示为

$$\boldsymbol{F}_{\mathrm{d}}^{i} = \left[F_{\mathrm{d}x}^{i}, F_{\mathrm{d}y}^{i} \right]^{\mathrm{T}} \tag{6-6}$$

其中水平方向与纵向的拖曳力可以通过 Morison 方程求得：

$$\begin{cases} \boldsymbol{F}_{\mathrm{d}\tau}^{i} = 0.5 \rho_{\mathrm{w}} C_{\tau} d \, | V_{\tau}^{i} | V_{\tau}^{i} \\ F_{\mathrm{d}n}^{i} = 0.5 \rho_{\mathrm{w}} C_{n} d \, | V_{n}^{i} | V_{n}^{i} \end{cases} \tag{6-7}$$

式中，ρ_{w} 为海水密度；d 为管线外径；$C_{\tau,i}$、$C_{n,i}$ 为拖曳力系数；V_{τ}^{i}、V_{n}^{i} 为沿着管线与垂直于管线方向的速度：

$$\begin{cases} V_{\tau}^{i} = (U_{x}^{i} - \dot{x}_{i}) \cos \theta_{i} + (U_{y}^{i} - \dot{y}_{i}) \sin \theta_{i} \\ V_{n}^{i} = (U_{x}^{i} - \dot{x}_{i}) \sin \theta_{i} + (U_{y}^{i} - \dot{y}_{i}) \cos \theta_{i} \end{cases} \tag{6-8}$$

式中，U_{x}^{i}、U_{y}^{i} 为海流在固定坐标系中的水平与垂直方向的速度，其中海流的速度在水平方向上随着水深的增加其速度逐渐减少为 0，并且通常在纵向上海流的速度一般为 0，由此在水平方向与竖直方向的拖曳力可以表示为

$$\begin{cases} F_{\mathrm{d}x}^{i} = F_{\mathrm{d}n}^{i} L_{e} \sin \theta_{i} + F_{\mathrm{d}\tau}^{i} L_{e} \cos \theta_{i} \\ F_{\mathrm{d}y}^{i} = F_{\mathrm{d}\tau}^{i} L_{e} \cos \theta_{i} + F_{\mathrm{d}n}^{i} L_{e} \sin \theta_{i} \end{cases} \tag{6-9}$$

（2）节点 i 所受到的重力与浮力可以表示为

$$\boldsymbol{W} = \begin{bmatrix} 0 & m_{e}g \end{bmatrix}^{\mathrm{T}} \qquad \boldsymbol{F}_{\mathrm{B}}^{i} = \begin{bmatrix} 0 & \rho_{\mathrm{w}} v_{e} g \end{bmatrix}^{\mathrm{T}} \tag{6-10}$$

式中，ρ_{w} 为管密度，v_{e} 每个节点的体积；g 为重力加速度。

6.3　边界条件

（1）管线顶部边界条件

在管线顶部可以假设成管线固定在铺管船上，则在每个时刻节点 0 与铺管船具有相同的位移、速度与加速度：

$$\begin{cases} x_{t,0} = x_{t,v} & y_{t,0} = y_{t,v} \\ \dot{x}_{t,0} = \dot{x}_{t,v} & \dot{y}_{t,0} = \dot{y}_{t,v} \\ \ddot{x}_{t,0} = \ddot{x}_{t,v} & \ddot{y}_{t,0} = \ddot{y}_{t,v} \end{cases} \tag{6-11}$$

式中，$x_{t,0}$、$y_{t,0}$ 分别为节点 0 在 t 时刻沿着 x 轴与 y 轴方向的位移，$x_{t,v}$、$y_{t,v}$ 分别为船舶在 t 时刻沿着 x 轴与 y 轴方向的位移。

(2)管线尾端边界条件

在计算中,管线的尾端取在管线已经铺设在海床上的远端,则第 n 节点在海底处的位移、速度与加速度为 0:

$$x_n = 0, y_n = 0 \quad \dot{x}_n = 0, \dot{y}_n = 0 \quad \ddot{x}_n = 0, \ddot{y}_n = 0 \qquad (6-12)$$

(3)海底边界条件

由于假设海底为刚性的,因此每个节点在海底以上或坐落于海底:

$$\min(y_i) \geqslant -H \qquad (6-13)$$

式中,H 为水深。

6.4 模型求解

合适的管线初始形状在计算中可以减少管线静力学计算迭代时间,本书中初始的管线形状使用悬链线方法来计算:

$$y''(x) = \frac{p}{H} \sqrt{1 + \left[y'(x) \right]^2} \qquad (6-14)$$

式中,p 是水下管线单位长度的重力,H 为水深。

管线的动力计算是以静态分析为基础,并在动力计算时将海流与船舶运动等动态因素考虑在内,其计算的主要步骤有:

(1)输入管线的初始参数;

(2)设置节点数量;

(3)用悬链线方法计算管线的初始形状;

(4)比较第 j 步与第 $j-1$ 步的计算结果,直到每个节点的迭代结果都满足 $\left| (y_j^i - y_{j-1}^i)/y_j^i \right| < \delta_1$;

(5)利用样条曲线拟合管线的形状,与悬链线模型的形状进行对比 $\left| (y_j^i - y_{\text{catenary}}^i)/y_{\text{catenary}}^i \right| < \delta_2$,如果结果不满足,则返回步骤(2)增加管线中节点数量;

(6)输入海流和船舶运动的参数到动态分析方程;

(7)基于边界条件进行管线动力学分析;

(8)实时输出管线每个节点的管线形状与张力;

(9)计算结束。

6.5 仿真分析

6.5.1 仿真验证

管线节点数量的划分对管线计算具有重要影响,节点数量过多则影响模型计算速度,节点数量过少则可能影响计算的准确性。本书分别对管线节点数为 15,30,60,120 时的形态与计算张力和悬链线法计算的结果进行对比,以验证计算的准确性,计算参数见表 6-1。本书所有的仿真计算的计算机环境为:Intel(R) Xeon(R) CPU X5660 @ 2.8 Hz × 12 and

16 GB RAM。

表 6 - 1　管线计算参数

参数	单位	数值
管线内直径	m	0.355
管线外直径	m	0.406
初始角度	°	80
轴向刚度	N	6.402×10^9
抗弯刚度	$N \cdot m^2$	1.1636×10^8
单位湿重	N/m	1.894×10^3
质量	kg/m	238.6
作业水深	m	2 000
海水密度	kg/m^3	1 025

　　为了便于与悬链线计算结果对比,将横轴原点平移至触地点处,如图 6 - 4 所示为管线在不同节点下与悬链线法结果的形态对比曲线,从图中可以看出仅节点数为 15 时与其他节点稍有区别,而节点为 30,60,120 时几乎与悬链线法计算的结果重合。为了进行定量分析,将管线的形状用样条曲线拟合后得到管线的具体结果见表 6 - 2。当管线划分为 15 个节点时,在管线形状中相对于用悬链线方法获得的最大差别是 32.11 m。如图 6 - 5 所示,当管线划分超过 60 个节点时,管线的形状误差(相对于悬链线法)都非常小。

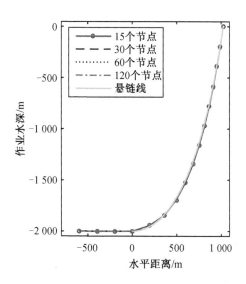

图 6 - 4　不同数量节点形态对比

　　如图 6 - 6 所示,节点为 15 时的拉力与其他计算结果差别较大,在节点划分为 60 与 120

时的拉力与悬链线法计算的结果较为相似。具体计算结果见表 6 - 3,当管线划分为 15 个节点时,顶部铺设角接近 θ_{TOP} = 80°,顶部张力 T_{TOP} 的误差接近于 7%。相对于悬链线法垂弯管长度 l_s 伸长了约 0.9 m。图 6 - 7 显示了当管线划分超过 60 个节点时,管线顶部角度、顶部张力、触地点(TDP)的张力与悬链线方法的计算结果都具有很好的一致性。由此可知,当管线划分为 60 个节点时,可以获得一个精确的管线形状,因此在以下章节中使用这个节点数。

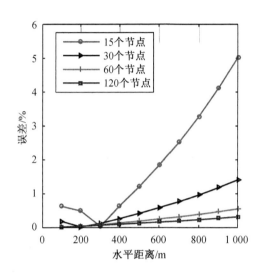

图 6 - 5 管线形状误差图

表 6 - 2 不同数量的节点与悬链线法的管线形状对比   单位:m

水平距离/m	15 个节点	30 个节点	60 个节点	120 个节点	悬链线法
100	- 1 975.43	- 1 984.38	- 1 987.59	- 1 988.28	- 1 988.05
200	- 1 941.88	- 1 951.07	- 1 952.15	- 1 952.33	- 1 951.50
300	- 1 888.98	- 1 890.58	- 1 889.94	- 1 889.65	- 1 888.30
400	- 1 806.36	- 1 799.67	- 1 797.37	- 1 796.65	- 1 794.84
500	- 1 685.94	- 1 672.85	- 1 669.10	- 1 668.00	- 1 665.80
600	- 1 521.26	- 1 502.64	- 1 497.71	- 1 496.30	- 1 493.84
700	- 1 301.20	- 1 278.94	- 1 273.31	- 1 271.73	- 1 269.19
800	- 1 011.17	- 988.50	- 982.94	- 981.39	- 979.06
900	- 631.93	- 614.10	- 609.82	- 608.64	- 606.95
1 000	- 138.32	- 133.55	- 132.42	- 132.11	- 131.69

表 6 – 3　不同数量的节点与悬链线法计算结果

参数	顶部角度 θ_{TOP} /(°)	顶点张力 T_{TOP} /MN	触地点张力 T_{TDP} /MN	悬浮段管线长度 l_s /km
15 个节点	80.07	4.27	0.825	2 384.42
30 个节点	79.94	4.46	0.79	2 384.48
60 个节点	79.95	4.52	0.79	2 384.48
120 个节点	79.98	4.54	0.79	2 384.48
悬链线	80.00	4.58	0.80	2 383.51

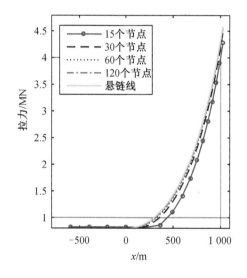

图 6 – 6　不同数量节点拉力对比　　　　图 6 – 7　不同节点误差对比

6.5.2　海流对管线的影响

海流作为水下的主要环境载荷影响着海底管线的形态与受力,本节从不均匀流速与层流两方面讨论海流对管线的影响。

1. 不均匀流速

为了简便计算并不失一般性,假定流速沿着水深呈线性分布,其流速在海底处衰减为0,在水面处为最大值。本书分别对在水面处流速为 – 3 kn、– 1 kn、1 kn、3 kn 进行分析。

图 6 – 8 表明随着流速的增加,管线的形状变得更加平滑,管线的水平跨度也随之增加。如图 6 – 9 所示,随着流速从 – 3 kn 增加到 3 kn,管线的顶点张力从 4.74 MN 减小到了4.44 MN,触地点张力从 0.61 MN 增加到了 1.00 MN。表 6 – 4 表明,管线的总长随着流速的增加有很小的变化。

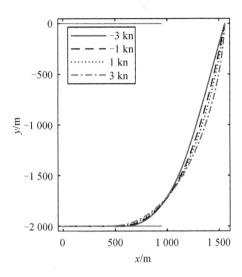

图 6 - 8　不同流速下的管线形态

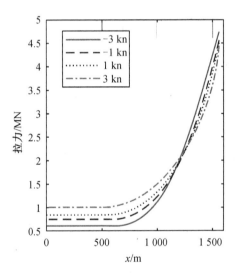

图 6 - 9　不同流速下的管线拉力

表 6 - 4　不同的流速的结果比较

流速/kn	顶部角度 θ_{TOP} /(°)	顶点张力 T_{TOP} /MN	触地点张力 T_{TDP} /MN	拉伸后管线长度 l_{total} /km
-3	74.11	4.74	0.61	2 919.5
1	78.65	4.56	0.75	2 919.5
0	79.94	4.46	0.79	2 919.6
-1	81.26	4.50	0.88	2 919.6
3	86.18	4.44	1.00	2 919.6

2. 层流对管线的影响

为了分析层流对管线的影响,假设海面最大速度为 2 kn,流速随着水深增加而线性减小,当水深 1 500 以下海流速度分别取 - 3 kn、- 1 kn、1 kn、3 kn 进行分析,其余参数如表 6 - 1 所示。

图 6 - 10 与图 6 - 11 对比了不同流速下海底附近的层流对管线形状与张力的影响。如表 6 - 5 所示,随着层流速度的增加,管线顶点张力从 4.61 MN 减小至 4.31 MN,然而在触地点处管线张力变化趋势恰恰相反,张力从 0.65 MN 增加至了 1.10 MN。

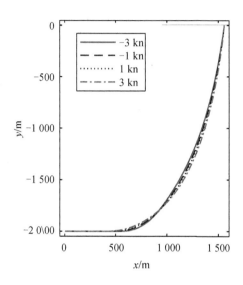

图 6 - 10　不同层流速度下管线形态对比

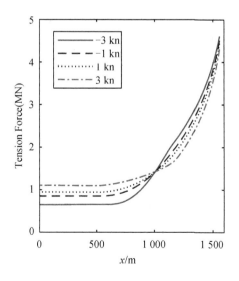

图 6 - 11　不同流速下的管线拉力对比

表 6 - 5　不同的层流速度的结果比较

流速/kn	顶部角度 θ_{TOP}/(°)	顶点张力 T_{TOP}/MN	触地点张力 T_{TDP}/MN	拉伸后管线长度 l_{total}/km
−3	82.45	4.61	0.65	2 919.60
−1	83.10	4.51	0.85	2 919.59
1	83.50	4.44	0.95	2 919.59
3	84.17	4.31	1.10	2 919.58

6.5.3　船舶运动对管线的影响

1. 船舶规则运动对管线的影响

为了分析船舶运动对管线的动态影响,假设船舶从 50 s 开始运动,在纵荡与垂荡方向的运动状态如下所示:

$$\begin{cases} x_{vessel} = 0.25\sin(7.7t) \\ y_{vessel} = 1.2\sin(7.7t) \end{cases} \quad (6-15)$$

假定海面流速最大为 2 kn,流速随着水深的增加线性减小。其他参数见表 6 - 1。

如图 6 - 12 所示,在静止时节点 1,25,50 和 60 的静态张力分别为 4.47,2.46,0.912 和 0.912 kN。当 $t = 50$ s 船舶开始运动时,管线张力的时历曲线随着水深的增加,其变化幅度减小。图 6 - 13 表明,受到船舶运动的影响,管线长度变化大约为 0.29 m。

表 6 - 6 校核了船舶在规则运动下的管线动力计算速率,在管线划分为 60 个节点时,其计算速度高于 480 Hz,当用 120 个节点计算时,仍然有较高的计算速率,从而验证了本方法满足实时计算的需求。

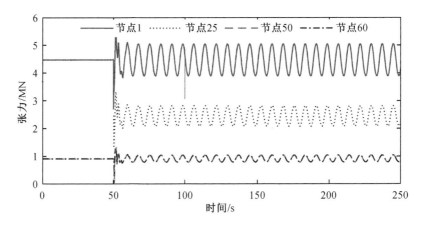

图 6 - 12　船舶做规则运动时张力变化时历曲线

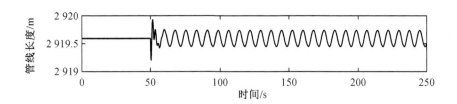

图 6 - 13　船舶做规则运动时管线长度变化时历曲线

表 6 - 6　船舶做规则运动时管线计算效率

节点	15	30	60	120
计算效率/Hz	2 985	1 386	487	272

2. 船舶不规则运动时对管线的影响

图 6 - 14 为铺管船在托管架处在不规则波中的横荡与垂荡运动时历曲线,海面最大流速设置为 2 kn,流速随着水深的增加线性减小。其他参数如表 6 - 1 所示。

如图 6 - 15 所示,船舶不规则运动对顶部张力有很强的影响。管线的最大张力为6.42 kN,而最小张力为 2.67 kN。管线张力在水深方向急剧减小。如图 6 - 16 所示,在船舶不规则运动时管线长度变化超过 1 m。

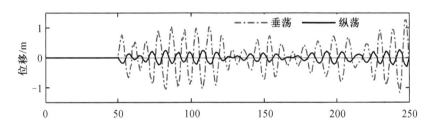

图 6 - 14　铺管船在托管架处横荡与垂荡运动变化时历曲线

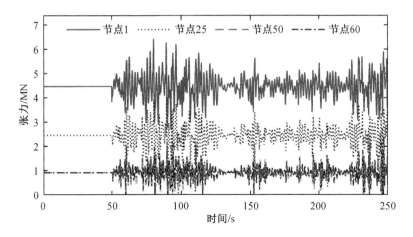

图 6 - 15　船舶做不规则运动时张力变化时历曲线

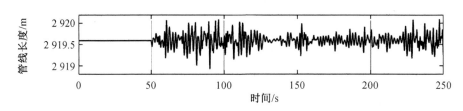

图 6 – 16　船舶做不规则运动时管线长度变化时历曲线

表 6 – 7 显示了在船舶不规则运动情况下管线的计算效率,其计算速度几乎和船舶作规则运动时一样高。

表 6 – 7　船舶做不规则运动时管线计算效率

节点	15	30	60	120
计算效率/Hz	2 870	1 276	465	251

3. 船舶以不同速度前进对管线的影响

本节将研究船舶在加速、匀速和减速运动时对管线配置和动态张力的影响。图 6 – 17 显示了船舶的位移和速度随时间的变化的时历曲线。船舶开始是静止,在 $t = 50$ s 时,船舶开始运动,在达到最大速度 1.5 kn 时开始匀速运动。当船速低于 1.5 kn 时,其加速度为 0.05 kn/s^2。

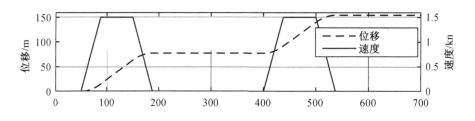

图 6 – 17　船舶位移与速度变化时历曲线

图 6 – 18 提供了管线不同节点处的张力随时间的变化曲线。图 6 – 18(a)表明,当船舶在开始减速运动时,管线张力存在拐点(一开始急剧增加,随即减小)。图 6 – 18(d)表明,随着船舶的运动张力从 0.911 kN 增加到 1.38 kN,增加了 0.469 kN。如图 6 – 19 所示,管线长度从 2 918.30 m 延伸到 2 920.47 m,延伸了 2.17 m。

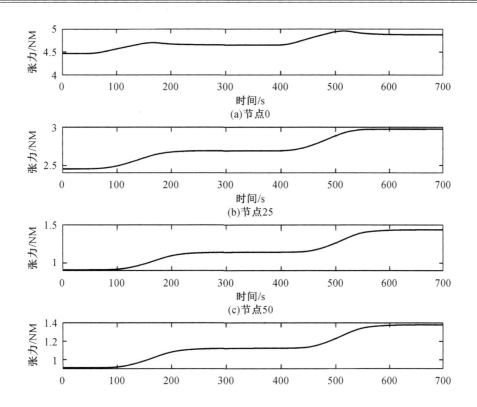

图 6 - 18　管线不同节点处张力变化时历曲线
(a) 节点 0 ; (b) 节点 25 ; (c) 节点 50 ; (d) 节点 60

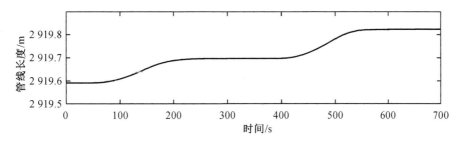

图 6 - 19　管线长度变化时历曲线

　　图 6 - 20 表明了管线顶部角度随着船舶运动的变化趋势。从图 6 - 20 中可见,随着船舶的运动,铺设角从 83.33° 减小到 78.12°。当船舶加速和匀速向前运动时,管线顶部角度变小,当船舶由匀速变为减速时,由于加速度的影响管线顶部角度却呈增加的趋势。图 6 - 21 与图 6 - 22 显示了在 t_1、t_2、t_3、t_4 和 t_5 时刻的管线形态和张力的变化。随着船舶向前运动,管线的水平距离与底部张力呈现增加的趋势。然而,在刚开始减速的 t_2 与 t_4 时刻的顶部张力却要稍大于静止时刻 t_3 与 t_5 时刻。

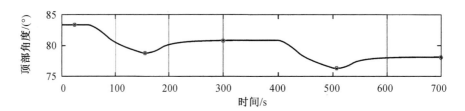

图 6 - 20　管线顶部角度变化时历曲线

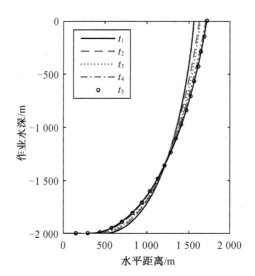

图 6 - 21　不同时刻时管线形态对比

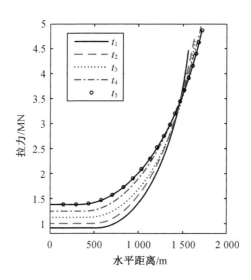

图 6 - 22　不同时刻时管线拉力对比

表 6 - 8 校核了船舶在以不同航速前进下的管线动力计算速率,在管线划分为 60 个节

点时,其计算速度高于 490 Hz,当用 120 个节点计算时,仍然有较高的计算速率,从而验证了本方法满足实时计算的需求。

表 6 - 8　船舶以不同速度前进时管线计算效率

节点	15	30	60	120
计算效率/Hz	3 182	1 467	491	295

第 7 章　结　　论

计算机仿真评估是保证铺管作业安全的有效手段。本书针对铺管作业数值仿真分析的准确性与实时性问题,考虑铺管船实时运动、管线与非线性刚度海床的耦合作用,开展了S型管线、J型管线的数学模型及数值计算方法研究。主要工作及研究成果如下:

(1)为满足仿真的实时性要求,以传统船舶时域运动理论为基础,建立了基于辨识理论的实时辐射力数学模型。基于脉冲响应方程,利用最小二乘拟合法对辐射力辨识方法进行了研究,分别计算了频域辨识与时域辨识结果。两种方法对比分析表明,在相同置信度情况下,频域辨识模型较时域辨识模型需要阶数要小得多并且计算速度更快。

(2)基于船舶运动学与动力学理论,在考虑流体记忆效应的基础上,研究并建立了铺管船在波浪中时域船舶六自由度实时计算数学模型。模型中的海风力、海流力采用风洞模型试验得到的离散数据利用二次插值法求解,波浪力利用离线计算结果采用多维插值法求解;推进器推力采用全回转吊舱推进器敞水试验数据回归求解,结合前述辨识方法得到的船舶辐射力,对铺管船在静水中与风浪流联合作用下的运动进行了仿真。经验证铺管船直航时与船模试验数据对比最大误差为 5.91%,与实船试航试验数据对比最大误差为7.22%。

(3)提出了同时计及中间段和边界层段弯矩影响的S型铺管多分段模型。根据S型管线形态特点,将管线分为托管架段、中间段、悬浮段、边界层段与触地段五个部分,研究并建立了S型管线多分段模型,模型考虑了中间段与边界层段弯矩对管线的影响以及管线与弹性海底的耦合作用,并忽略悬浮段弯矩因素的次要影响。根据各部分的受力特点建立微分方程,通过管线几何与力学连续性边界条件,采用牛顿迭代法求解S型管线形态与受力。计算结果表明管线直径的变化对管线形态与受力有很大的影响,随着管线直径的减少,管线水平跨度随之增加,管线埋深随着管线直径不同而发生明显变化。随着管线壁厚的减小,其水平跨度随之减小,然而管线触地段回弹距离随着壁厚的增加而减少。

(4)提出了数值迭代法与有限差分法联合求解的计及管线与海床非线性耦合作用的J型管线数学模型。针对J型管线与非线性刚度海床耦合的问题,将J型管线分为水中悬浮段和触地段,考虑触地段与海底的非线性作用,建立了J型管线数学模型。根据分段间的位移、倾角、张力和弯矩的连续性边界条件,采用数值迭代法和有限差分法相结合的方法求解管线整体形态与受力,计算结果表明非线性管线模型管线的最大埋深是线性管线模型的两倍,最大土体抗力是其一半,而且触地点位置更远。进一步对比分析了泥线抗剪强度,抗剪强度梯度和外管直径等参数变化对管线形态与受力的影响,结果表明随着参数的改变,对管线整体的形态与受力影响并不很大,但对触地段的形态与受力有很大的影响,其中泥线抗剪强度对管线的影响最大。

（5）提出了一种适用于实时计算的 J 型铺管作业动力学模型。基于 J 型管线所受静力与动力作用，考虑铺管船运动对边界条件的影响，研究并建立了铺管实时动力学模型。采用数值离散方法，将管线简化为离散的集中质量点，实时计算管线内部张力、内部阻尼力和海流力等动力作用，进行管线的运动、形态与受力的实时分析，通过与悬链线法计算结果对比，验证了管线初始形态不需要离散过多数目的节点就能达到良好的准确性，同时该模型能够满足计算实时性的需求。分析表明非均匀流和层流都影响管线的形态和张力，当层流运动和海平面流动相反时，顶部张力增加，底部张力却减小；船舶的运动对管线的形态和张力都有很重要的影响，当船舶以一定速度向前运动，在减速运动初始时刻，顶部节点的张力与角度存在拐点。

参 考 文 献

［1］ 中国产业信息网. 2018—2024 年中国海洋油气资源开发行业市场运营态势及发展前景预测报告［R/OL］. (2017 – 11 – 07)［2018 – 05 – 30］. https://www. chyxx. com/research/201711/583903. html.

［2］ 江怀友, 潘继平, 邵奎龙, 等. 世界海洋油气资源勘探现状［J］. 中国石油企业, 2008 (03)：77 – 79.

［3］ 江文荣, 周雯雯, 贾怀存. 世界海洋油气资源勘探潜力及利用前景［J］. 天然气地球科学, 2010,21(6)：989 – 995.

［4］ 马云川. 入地篇："蛟龙"入海, 探秘"龙宫"［J］. 地球, 2012, 195(07)：42 – 43.

［5］ 何小超, 王娴, 杨海军, 等. 南海深水油气资源的开发现状［C］// 中国海洋学会海洋工程分会. 第十五届中国海洋（岸）工程学术讨论会论文集（上册）. 太原：海洋出版社,2011:531 – 534.

［6］ 由然. 海洋石油:打造利器闯深海［J］. 中国石油企业, 2011(11)：48 – 50.

［7］ PRATT J A, PRIEST T, CASTANEDA C J. Offshore pioneers：Brown & Root and the history of offshore oil and gas［M］. Houston：Gulf Professional Publishing, 1997.

［8］ 党学博, 龚顺风, 金伟良, 等. 海底管道铺设技术研究进展［J］. 中国海洋平台, 2010, 25(05)：5 – 10.

［9］ BEAUBOUEF B. Operators planning more than 6,500 miles of offshore pipelines through 2019［R］. Tulsa：Offshore, 2015.

［10］ BEAUBOUEF B. 2015 Global Offshore Pipeline Construction Survey［R］. Tulsa：Offshore, 2015.

［11］ 党学博, 龚顺风, 金伟良, 等. 深水海底管道极限承载能力分析［J］. 浙江大学学报（工学版）, 2010, 44(04)：778 – 782.

［12］ CHEN W. Status and challenges of Chinese deepwater oil and gas development［J］. Petroleum Science, 2011, 8(4)：477 – 484.

［13］ AP Energy Business Publications Pte Ltd. Pipelay Vessels and Techniques［J］. PetroMin Pipeliner,2012, 8(1)：50 – 57.

［14］ 冯现洪, 王文亮, 郑羽, 等. 一种卷筒式铺管法计算分析技术［J］. 舰船科学技术, 2014, 36(04)：103 – 107,113.

［15］ SZCZOTKA M. Pipe laying simulation with an active reel drive［J］. Ocean Engineering, 2010, 37(7)：539 – 548.

［16］ BELTRÃO M A N, BASTIAN F L. Fractographic analysis of weld metal and HAZ regions of API X-80 steel subjected to simulation of the reel-lay method[J]. Journal of Materials Engineering and Performance, 2014, 23(10): 3523 – 3533.

[17] Information center of CNOOC. proceedings of the Offshore Technology Conference (OTC) [C]. Houston: [s. n.], 2007.

[18] KYRIAKIDES S, CORONA E. Mechanics of offshore pipelines: volume 1 buckling and collapse[M]. Oxford: Elsevier Science, 2007.

[19] ALLSEAS. Solitaire modifications 2005[R]. Chatel Saint Denis: Allseas, 2005.

[20] Information center of CNOOC. proceedings of the Offshore Technology Conference (OTC) [C]. Houston: [s. n.], 2005.

[21] FANG H, DUAN M. Offshore Operation Facilities[M]. Boston: Gulf Professional Publishing, 2014.

[22] 许文兵. 深水铺管起重船"海洋石油201"研制[J]. 中国造船, 2014, 55(01): 208 – 215.

[23] 王晓波, 许文兵, 肖龙. 深水铺管起重船"海洋石油201"在荔湾3 – 1气田开发工程的适用性分析[C]// 纪念顾懋祥院士海洋工程学术研讨会论文集编委会. 纪念顾懋祥院士海洋工程学术研讨会论文集. 无锡, 出版社不详, 2011: 161 – 167.

[24] 王自发, 朱克强, 徐为兵, 等. 海洋管道S型铺设过程研究[J]. 海洋工程, 2014, 32(03): 78 – 88.

[25] LI Z G, WANG C, HE N, et al. An overview of deepwater pipeline laying technology [J]. China Ocean Engineering, 2008, 22(3): 521 – 532.

[26] 王知谦, 杨和振, 杨启. 深海J型铺管法管线参数敏感性分析[J]. 武汉理工大学学报(交通科学与工程版), 2015, 39(01): 92 – 96.

[27] 黄维平, 曹静, 张恩勇. 国外深水铺管方法与铺管船研究现状及发展趋势[J]. 海洋工程, 2011, 29(01): 135 – 142.

[28] ABKOWITZ M A. Lectures on Ship Hydrodynamics – Steering and Manoeuvrability[R]. Lyngby: Danish Maritime Institute, 1964.

[29] GERTLER M, HAGEN G R. Standard equations of motion for submarine simulation[R]. USA: DTIC Document, 1967.

[30] 马玉鹏. 典型船舶驾驶模拟仿真系统的研究与开发[D]. 沈阳: 沈阳航空航天大学, 2012.

[31] KOPP P J. Mathematical Model for MANSIM Version 2: A Surface Ship Maneuvering, Stationkeeping, and Seakeeping Simulator Computer Program[R]. USA: DTIC Document, 1996.

[32] THEIN Z. Practical source code for ship motions time domain numerical analysis and its mobile device application[D]. Goteborg: Chalmers Universtiy of Technology, 2012.

[33] POOR C A. Simulink Modeling of a Marine Autopilot for TSSE Ship Designs[R]. USA:

DTIC Document, 1996.

[34] FOSSEN T I. Handbook of marine craft hydrodynamics and motion control[M]. Chichester: Wiley, 2011.

[35] FOSSEN T I. Nonlinear modelling and control of underwater vehicles[D]. Trondheim: Norwegain Institute of Technology, 1991.

[36] FOSSEN T I. Guidance and control of ocean vehicles[M]. New York: John Wiley & Sons Inc, 1994.

[37] VARELA J M, GUEDES SOARES C. Interactive 3D desktop ship simulator for testing and training offloading manoeuvres[J]. Applied Ocean Research, 2015, 51(6): 367−380.

[38] 张秀凤. 航海模拟器中六自由度船舶运动数学模型的研究[D]. 大连: 大连海事大学, 2009.

[39] 张秀凤, 金一丞, 尹勇. 船舶运动数学模型编辑及测试开发平台[J]. 系统仿真技术, 2009, 5(04): 232−236.

[40] 张秀凤, 尹勇, 金一丞. 规则波中船舶运动六自由度数学模型[J]. 交通运输工程学报, 2007, 7(03): 40−43.

[41] 祁宏伟. 波浪中船舶六自由度操纵/摇荡耦合运动仿真研究[D]. 哈尔滨: 哈尔滨工程大学, 2008.

[42] DIXON D A, RUTLEDGE D R. Stiffened catenary calculations in pipeline laying problem [J]. Journal of Engineering for Industry, 1968, 90(01): 153−160.

[43] CROLL J G A. Bending boundary layers in tensioned cables and rods[J]. Applied Ocean Research, 2000, 22(4): 241−253.

[44] BROWN R J G A, PALMER A. Developing innovative deep water pipeline construction techniques with physical models[J]. Journal of Offshore Mechanics and Arctic Engineering, 2007, 129(1): 56−60.

[45] 顾永宁. 海底管线铺管作业状态分析[J]. 海洋工程, 1988, 6(02): 11−23.

[46] GU Y N. Analysis of pipeline behaviours during laying operation[J]. China Ocean Engineering, 1989, 3(4): 477−486.

[47] 周俊. 深水海底管道S型铺管形态及施工工艺研究[D]. 杭州: 浙江大学, 2008.

[48] 龚顺风, 何勇, 周俊, 等. 深水海底管道S型铺设参数敏感性分析[J]. 海洋工程, 2009, 27(04): 87−95.

[49] GONG S F, CHEN K, CHEN Y, et al. Configuration analysis of deepwater S−lay pipeline[J]. China Ocean Engineering, 2011, 25(3): 519−530.

[50] 高红梅. 铺管船动力定位系统控制算法研究[D]. 镇江: 江苏科技大学, 2013.

[51] KONUK I. Higher order approximations in stress analysis of submarine pipelines[J]. Journal of Energy Resources Technology, 1980, 102(4): 190−196.

[52] KONUK I. Application of an adaptive numerical technique to 3-D pipeline problems with strong nonlinearities[J]. Journal of Energy Resources Technology, 1982, 104(1): 58 – 62.

[53] GUARRACINO F, MALLARDO V. A refined analytical analysis of submerged pipelines in seabed laying[J]. Applied Ocean Research, 1999, 21(6): 281 – 293.

[54] 黄玉盈, 朱达善. 海洋管线铺设时的静力分析[J]. 海洋工程, 1986, 4(01): 32 – 46.

[55] 韩强, 汪志钢, 张永强, 等. 深海 S – lay 铺设大直径薄壁管道的奇异摄动分析[J]. 华南理工大学学报(自然科学版), 2015, 43(06): 116 – 121.

[56] 康庄, 张立, 张翔. 悬链线和大变形梁理论的 J 型铺设研究[J]. 哈尔滨工程大学学报, 2015, 36(09): 1170 – 1176.

[57] KANG Z, ZHANG L, ZHANG X. Analysis on J lay of SCR based on catenary and large deflection beam theory[J]. Ocean Engineering, 2015, 104(8): 276 – 282.

[58] PALMER A C, HUTCHINSON G, ELLS J W. Configuration of submarine pipelines during laying operations[J]. Journal of Manufacturing Science and Engineering, 1974, 96(4): 1112 – 1118.

[59] Information center of CNOOC. proceedings of the Offshore Technology Conference (OTC)[C]. Houston:[s. n.], 1986.

[60] YAN J, PEDERSEN P T, 郭文辉. 铺管时管线三维静力分析[J]. 船舶, 1991(05): 31 – 35, 4.

[61] IUTAM. proceedings of the 16th AIMETA Congress of Theoretical and Applied Mechanics[C]. Ferrara:Ghent University, 2003.

[62] DATTA T K. Abandonment and recovery solution of submarine pipelines[J]. Applied Ocean Research, 1982, 4(4): 247 – 252.

[63] 陈凯, 段梦兰, 张文. 深水 S 型铺管管道形态及力学分析方法研究[J]. 力学季刊, 2011, 32(03): 353 – 359.

[64] VLAHOPOULOS N, BERNITSAS M M. Three-dimensional nonlinear dynamics of pipelaying[J]. Applied Ocean Research, 1990, 12(3): 112 – 125.

[65] BERNITSAS M M, VLAHOPOULOS N. Three-dimensional nonlinear statics of pipelaying using condensation in an incremental finite element algorithm[J]. Computers & Structures, 1990, 35(3): 195 – 214.

[66] SCHMIDT W F. Submarine pipeline analysis with an elastic foundation by the finite element method[J]. Journal of Manufacturing Science and Engineering, 1977, 99(2): 480 – 484.

[67] SZCZOTKA M. Dynamic analysis of an offshore pipe laying operation using the reel method[J]. Acta Mechanica Sinica, 2011, 27(1): 44 – 55.

[68] SZCZOTKA M. A modification of the rigid finite element method and its application to the J-lay problem[J]. Acta Mechanica, 2011, 220(1-4): 183-198.

[69] ASME. proceedings of the ASME 2002 International Mechanical Engineering Congress and Exposition [C]. New Orleans: [s. n.], 2002.

[70] MARTIÍNEZ C E, GONCALVES R L. Laying modeling of submarine pipelines using contact elements into a corotational formulation[J]. Journal of Offshore Mechanics and Arctic Engineering, 2003, 125(2): 145-152.

[71] HALL J E, HEALEY A J. Dynamics of suspended marine pipelines[J]. Journal of Energy Resources Technology, 1980, 102(2): 112-119.

[72] CLAUSS G F, WEEDE H, RIEKERT T. Offshore pipe laying operations-Interaction of vessel motions and pipeline dynamic stresses[J]. Applied Ocean Research, 1992, 14(3): 175-190.

[73] CLAUSS G F, WEEDE H, SAROUKH A. Nonlinear static and dynamic analysis of marine pipelines during laying[J]. Ship Technology, Res, 1991, 38(2): 76-107.

[74] LI M, DUAN M, YE M, et al. Research on mechanical model for the J-lay method[J]. Proceedings of the Institution of Mechanical Engineers, Part M: Journal of Engineering for the Maritime Environment, 2015, 229(3): 273-280.

[75] 张韵韵, 王学军. Offpipe 在铺管计算中的应用[J]. 中国海洋平台, 2014, 29(05): 52-56.

[76] MALAHY, JR R C. A nonlinear finite element method for the analysis of the offshore pipelaying problem (beam element, geomtric)[D]. Ann Arbor: Rice University, 1985.

[77] MALAHY, JR R C. Offpipe assistant user manual[M]. Houston: Robert C Malahy Compony, 1996.

[78] 王波. 计算软件 Offpipe 和 Orcaflex 应用于海底管道 S 型铺设分析的比较研究[C]// 中国海洋学会. 2013 年中国海洋工程技术年会论文集. 珠海: 中国造船编辑部, 2013: 121-127.

[79] LTD. O. OrcaFlex Manual Version 10.0e[R]. Cumbria: Orcina Ltd. , 2016.

[80] SENTHIL B, SELVAM P R. Dynamic analysis of a J-lay pipeline[J]. Procedia Engineering, 2015, 116: 730-737.

[81] GONG S F, XU P, BAO S, et al. Numerical modelling on dynamic behaviour of deepwater S-lay pipeline[J]. Ocean Engineering, 2014, 88(9): 393-408.

[82] GONG S F, XU P. The influence of sea state on dynamic behaviour of offshore pipelines for deepwater S-lay[J]. Ocean Engineering, 2016, 111(1): 398-413.

[83] JENSEN G A, SÄFSTRÖM N, NGUYEN T D, et al. A nonlinear PDE formulation for offshore vessel pipeline installation[J]. Ocean Engineering, 2010, 37(4): 365-377.

[84] ASME. Proceedings of the ASME 2011 30th International Conference on Ocean, Offshore

and Arctic Engineering[C]. New York:American Society of Mechanical Engineers,2011.

[85] ISOPE. Proceedings of the 28th International Conference on Ocean, Offshore and Arctic Engineering [C]. New York: American Society of Mechanical Engineers, 2009.

[86] IFAC . Proceedings of the 17th IFAC World Congress [C]. Seoul:[s. n.],2008.

[87] JENSEN G A. Offshore pipelaying dynamics[D]. Trondheim: Norwegian University of Science and Technology, 2010.

[88] IFAC. Proceedings of the 8th IFAC International Conference on Manoeuvring and Control of Marine Craf [C]. Brazil:[s. n.],2009.

[89] 杨丽丽. S 型铺管船动力定位鲁棒控制方法研究[D]. 哈尔滨:哈尔滨工程大学, 2013.

[90] 孙丽萍,朱建勋,艾尚茂,等. 全耦合 S 型铺管动力定位时域分析[J]. 海洋工程, 2015, 33(04): 1 – 10.

[91] 宋林峰,孙丽萍,钱佳煜,等. 铰连接在深水 S 型铺管中的应用[J]. 船舶力学, 2015, 19(11): 1344 – 1351.

[92] 孙丽萍,宋环峰,艾尚茂. 基于集中质量法的深水 S 型铺管动力响应研究[J]. 中国海洋平台, 2015, 30(02): 70 – 76.

[93] 宋甲宗,戴英杰. 海洋管道铺设时的二维静力分析[J]. 大连理工大学学报, 1999, 39(01): 91 – 94.

[94] 戴英杰,宋甲宗,郭东明. 多点支撑托管架支撑下的海洋管道铺设中的静力分析 [J]. 海洋工程, 1999, 17(02): 1 – 9.

[95] 袁峰. 深海管道铺设及在位稳定性分析[D]. 杭州:浙江大学, 2013.

[96] SMALL S W, TAMBURELLO R D, PIASECKYJ P J. Submarine pipeline support by marine sediments[J]. Journal of Petroleum Technology,1972,24(03):317 – 322.

[97] MURFF J D, WAGNER D A, RANDOLPH M F. Pipe penetration in cohesive soil[J]. Géotechnique, 1989, 39(2): 213 – 229.

[98] AUBENY C P, SHI H, MURFF J D. Collapse loads for a cylinder embedded in trench in cohesive soil[J]. International Journal of Geomechanics, 2005, 5(4): 320 – 325.

[99] MERIFIELD R, WHITE D J, RANDOLPH M F. The ultimate undrained resistance of partially embedded pipelines[J]. Géotechnique, 2008, 58(6): 461 – 470.

[100] LENCI S, CALLEGARI M. Simple analytical models for the J-lay problem[J]. Acta Mechanica, 2005, 178(1 – 2): 23 – 39.

[101] QUéAU L M, KIMIAEI M, RANDOLPH M F. Analytical estimation of static stress range in oscillating steel catenary risers at touchdown areas and its application with dynamic amplification factors[J]. Ocean Engineering, 2014(88): 63 – 80.

[102] KOSAR R, 陆钰天, 白勇, 等. 钢悬链线立管与海底相互作用和疲劳分析[J]. 哈尔滨工程大学学报, 2014, 35(02): 1 – 7.

［103］ ISOPE. Proceedings of the 28th International Conference on Ocean, Offshore and Arctic Engineering［C］. New York: American Society of Mechanical Engineers,2013.

［104］ AUBENY C P, BISCONTIN G, ZHANG J. Seafloor interaction with steel catenary risers ［J］. Journal of Texas A & M University, 2006(9):1 – 35.

［105］ ISOPE. Proceedings of the 18th international offshore and polar engineering conference (ISOPE 2008)［C］. California: The International Society of Offshore and Polar Engineers, 2008.

［106］ PALMER A. Touchdown indentation of the seabed［J］. Applied Ocean Research, 2008, 30(3): 235 – 238.

［107］ YUAN F, RANDOLPH M F, WANG L Z, et al. Refined analytical models for pipe – lay on elasto – plastic seabed［J］. Applied Ocean Research, 2014, 48 (10): 292 – 300.

［108］ YUAN F, WANG L Z, GUO Z, et al. Analytical analysis of pipeline-soil interaction during J – lay on a plastic seabed with bearing resistance proportional to depth［J］. Applied Ocean Research, 2012, 36(6): 60 – 68.

［109］ 白兴兰, 段梦兰, 李强. 基于整体分析的钢悬链线立管触地点动力响应分析［J］. 工程力学, 2014, 31(12): 249 – 256.

［110］ 白兴兰, 姚锐, 段梦兰, 等. 深水 SCR 触地区管 – 土相互作用试验研究进展［J］. 海洋工程, 2014, 32(05): 107 – 112.

［111］ 白兴兰, 黄维平, 高若沉. 海床土刚度对钢悬链线立管触地点动力响应的影响分析［J］. 工程力学, 2011, 28(S1): 211 – 216.

［112］ 白兴兰, 段梦兰. 深水钢悬链线立管与海床动力相互作用［C］//《水动力学研究与进展》编委会, 中国力学学会, 中国造船工程学会, 浙江海洋学院. 第二十五届全国水动力学研讨会暨第十二届全国水动力学学术会议文集(下册). 舟山:海洋出版社,2013:148 – 156.

［113］ WANG L Z, ZHANG J, YUAN F, et al. Interaction between catenary riser and soft seabed: Large – scale indoor tests［J］. Applied Ocean Research, 2014, 45(3): 10 – 21.

［114］ 谌栋梁. 船舶在波浪中的操纵性能研究［D］. 上海:上海交通大学, 2009.

［115］ CUMMINS W. The impulse response function and ship motions［R］//(1962 – 10 – 01) ［2018 – 05 – 30］. https://dome. mit. edu/handle/1721. 3/49049? show = full.

［116］ OGILVIE T F. Proceedings of the 5th Symposium on Naval Hydrodynamics ［C］. Bergen:［s. n.］,1964.

［117］ KRISTIANSEN E, HJULSTAD Å, EGELAND O. State-space representation of radiation forces in time – domain vessel models［J］. Ocean Engineering, 2005, 32(17): 2195 – 2216.

［118］ IFAC. Proceedings of the the 6th IFAC Conference ［C］. Girona:［s. n.］,2003.

[119] PEREZ T, FOSSEN T I. Identification of dynamic models of marine structures from fre-quency-domain data enforcing model structure and parameter constraints[J]. ARC Cen-tre of Excellence for Complex Dynamic Systems and Control, 2009(1): 1 – 28.

[120] PEREZ T, FOSSEN T I. Time – vs. frequency – domain identification of parametric ra-diation force models for marine structures at zero speed[J]. Modeling Identification and Control, 2008, 29(1): 1 – 19.

[121] PEREZ T, FOSSEN T I. Practical aspects of frequency-domain identification of dynamic models of marine structures from hydrodynamic data[J]. Ocean Engineering, 2011, 38 (2 – 3): 426 – 435.

[122] LEVY E C. Complex – curve fitting[J]. IRE Transactions on Automatic Control, 1959, AC – 4(1): 37 – 43.

[123] GREENHOW M. High – and low – frequency asymptotic consequences of the Kramers-Kronig relations[J]. Journal of engineering mathematics, 1986, 20(4): 293 – 306.

[124] FOSSEN T I, SMOGELI O N. Nonlinear time – domain strip theory formulation for low – speed manoeuvring and station – keeping[J]. Modeling Identification And Con-trol, 2004, 25(4): 201 – 221.

[125] PEREZ T. A review of geometrical aspects of ship motion in manoeuvring and seakeep-ing, and the use of a consistent notation[R]. MSS Technical Report (MSS-TR001-2005): Marine System Simulator (MSS) Group, 2005.

[126] 向东. 长航程潜水器运动建模与仿真技术研究[D]. 哈尔滨: 哈尔滨工程大学, 2009.

[127] SNAME. Nomenclature for treating the motion of a submerged body through a fluid[R]. New York: Technical Report Bulletin 1-5. Society of Naval Architects and Marine Engi-neers, 1950.

[128] 盛振邦, 刘应中. 船舶原理[M]. 上海: 上海交通大学出版社, 2004.

[129] LEE W T, BALES S L, SOWBY S. Standardized wind and wave environments for North Pacific Ocean Areas[R]. USA: DTIC Document, 1985.

[130] ICADME. Proceedings of the 3rd International Conference on Advanced Design and Manufacturing Engineering. [C]. Switzerland: Trans Tech Publications Ltd, 2013.

[131] 苏玉民, 付金丽, 王卓. 三维随机海浪交互式仿真技术研究[J]. 系统仿真学报, 2012, 24(1): 175 – 179.

[132] FALTINSEN O. Sea loads on ships and offshore structures[M]. Cambridge: Cambridge university press, 1993.

[133] 李晖, 郭晨, 李晓方. 基于 Matlab 的不规则海浪三维仿真[J]. 系统仿真学报, 2003, 15(7): 1057 – 1059.

[134] CHUANG Z J, STEEN S. Speed loss due to seakeeping and maneuvering in zigzag mo-

tion[J]. Ocean Engineering, 2012, 48(7): 38 – 46.

[135] KOSKINEN K. Numerical simulation of ship motion due to waves and manoeuvring[D]. Stockholm: Royal Institute of Technology, 2013.

[136] IFAC . Proceedings of the 9th IFAC Conference on Manoeuvring and Control of Marine Craft [C]. Genova:[s. n.],2012.

[137] 马骋. 吊舱推进技术[M]. 上海: 上海交通大学出版社, 2007.

[138] TURAN O, AYAZ Z, AKSU S, et al. Parametric rolling behaviour of azimuthing propulsion – driven ships[J]. Ocean Engineering, 2008, 35(13): 1339 – 1356.

[139] AYAZ Z, TURAN O, VASSALOS D. Manoeuvring and seakeeping aspects of pod-driven ships[J]. Proceedings of the Institution of Mechanical Engineers, Part M: Journal of Engineering for the Maritime Environment, 2005, 219(2): 77 – 91.

[140] OMAES. Proceedings of the Offshore Mechanics and Arctic Engineering Symposium [C]. New Orleans:[s. n.],1984.

[141] BEAUFAIT F W. Numerical analysis of beams on elastic foundations[J]. Journal of the Engineering Mechanics Division, 1977, 103(1): 205 – 209.

[142] WANG L Z, YUAN F, GUO Z, et al. Numerical analysis of pipeline in J – lay problem [J]. Journal of Zhejiang University, 2010, 11(11): 908 – 920.

[143] IDOTS. Proceedings of the 3rd International Deep – Ocean Technology Symposium [C]. Beijing:[s. n.],2009.

[144] VOLDSUND T-A. Modelling and control of offshore ploughing operations[D]. Trondheim: Norwegian University of Science and Technology, 2007.